インプレス R&D [ NextPublishing ]

技術の泉 SERIES
E-Book / Print Book

# 実践 Terraform
## AWSにおけるシステム設計とベストプラクティス

野村 友規 著

> Terraform職人を目指す
> すべてのエンジニアのために！

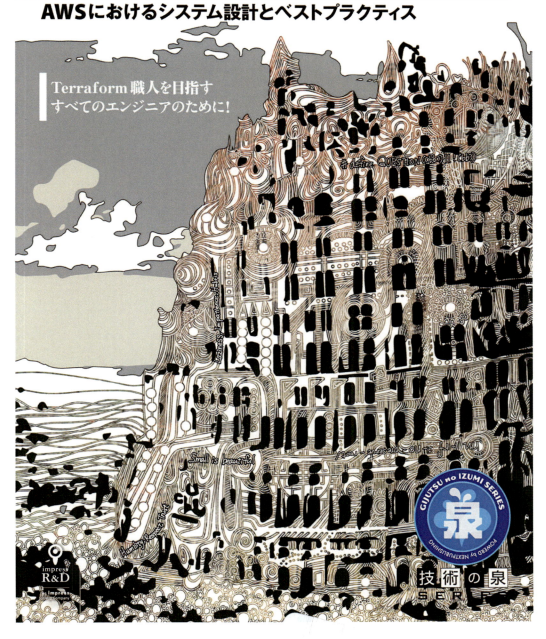

# 目次

はじめに ............................................................................. 12
Terraformとは ....................................................................... 12
本書の構成 ........................................................................... 12
対象読者 ............................................................................. 12
開発環境 ............................................................................. 13
サンプルコード ....................................................................... 13
免責事項 ............................................................................. 13
表記関係について ..................................................................... 13
底本について ......................................................................... 13

## 第1章 セットアップ ................................................................ 15
### 1.1 AWS ........................................................................... 15
    1.1.1 IAMユーザー .............................................................. 15
    1.1.2 AWS CLI ................................................................. 18
    1.1.3 クレデンシャル ........................................................... 18
### 1.2 Terraform ..................................................................... 19
    1.2.1 Homebrew ................................................................ 19
    1.2.2 tfenv ................................................................... 19
    1.2.3 Dockernized Terraform ................................................... 21
### 1.3 git-secrets .................................................................. 21

## 第2章 基本操作 .................................................................... 23
### 2.1 リソースの作成 ................................................................ 23
    2.1.1 HCL（HashiCorp Configuration Language） .................................. 23
    2.1.2 terraform init .......................................................... 23
    2.1.3 terraform plan .......................................................... 24
    2.1.4 terraform apply ......................................................... 24
### 2.2 リソースの更新 ................................................................ 25
    2.2.1 リソースの設定変更 ....................................................... 25
    2.2.2 リソースの再作成 ......................................................... 26
### 2.3 tfstateファイル ............................................................... 27
### 2.4 リソースの削除 ................................................................ 28

## 第3章　基本構文 ································································· 30
### 3.1　変数 ································································· 30
### 3.2　ローカル変数 ··························································· 30
### 3.3　出力値 ································································· 31
### 3.4　データソース ··························································· 31
### 3.5　プロバイダ ······························································ 32
### 3.6　参照 ··································································· 33
### 3.7　組み込み関数 ··························································· 34
### 3.8　モジュール ······························································ 35
#### 3.8.1　モジュールの定義 ··················································· 35
#### 3.8.2　モジュールの利用 ··················································· 37

## 第4章　全体設計 ································································· 38
### 4.1　システム要件 ····························································· 38
### 4.2　アーキテクチャ設計 ····················································· 38
### 4.3　テクノロジースタック ····················································· 38
### 4.4　ファイルレイアウト ······················································· 39

## 第5章　権限管理 ································································· 40
### 5.1　ポリシー ································································· 40
#### 5.1.1　ポリシードキュメント ················································ 40
#### 5.1.2　IAMポリシー ······················································· 41
### 5.2　ロール ··································································· 41
#### 5.2.1　信頼ポリシー ······················································· 41
#### 5.2.2　IAMロール ························································· 42
#### 5.2.3　IAMポリシーのアタッチ ············································ 42
#### 5.2.4　IAMロールのモジュール化 ·········································· 42

## 第6章　ストレージ ······························································· 45
### 6.1　プライベートバケット ····················································· 45
#### 6.1.1　S3バケット ························································· 45
#### 6.1.2　ブロックパブリックアクセス ········································ 46
### 6.2　パブリックバケット ······················································· 46
### 6.3　ログバケット ····························································· 47
#### 6.3.1　ログローテーションバケット ········································ 47
#### 6.3.2　バケットポリシー ··················································· 47

## 第7章　ネットワーク　49

### 7.1　パブリックネットワーク　49
- 7.1.1　VPC（Virtual Private Cloud）　49
- 7.1.2　パブリックサブネット　50
- 7.1.3　インターネットゲートウェイ　51
- 7.1.4　ルートテーブル　51

### 7.2　プライベートネットワーク　52
- 7.2.1　プライベートサブネット　52
- 7.2.2　NATゲートウェイ　53
- 7.2.3　暗黙的な依存関係　54

### 7.3　マルチAZ　55
- 7.3.1　パブリックネットワークのマルチAZ化　55
- 7.3.2　プライベートネットワークのマルチAZ化　56

### 7.4　ファイアウォール　58
- 7.4.1　セキュリティグループ　58
- 7.4.2　セキュリティグループのモジュール化　59

## 第8章　ロードバランサーとDNS　62

### 8.1　ALBの構成要素　62

### 8.2　HTTP用ロードバランサー　62
- 8.2.1　アプリケーションロードバランサー　62
- 8.2.2　リスナー　65
- 8.2.3　HTTPアクセス　65

### 8.3　Route 53　66
- 8.3.1　ドメインの登録　66
- 8.3.2　ホストゾーン　66
- 8.3.3　DNSレコード　67
- 8.3.4　独自ドメインへのアクセス　68

### 8.4　ACM（AWS Certificate Manager）　68
- 8.4.1　SSL証明書の作成　68
- 8.4.2　SSL証明書の検証　69

### 8.5　HTTPS用ロードバランサー　70
- 8.5.1　HTTPSリスナー　70
- 8.5.2　HTTPのリダイレクト　71
- 8.5.3　HTTPSアクセス　71

### 8.6　リクエストフォワーディング　72
- 8.6.1　ターゲットグループ　72
- 8.6.2　リスナールール　73

## 第9章 コンテナオーケストレーション ... 75

### 9.1 ECSの構成要素 ... 75
### 9.2 ECSの起動タイプ ... 75
- 9.2.1 EC2起動タイプ ... 75
- 9.2.2 Fargate起動タイプ ... 76

### 9.3 Webサーバーの構築 ... 76
- 9.3.1 ECSクラスタ ... 76
- 9.3.2 タスク定義 ... 76
- 9.3.3 ECSサービス ... 78
- 9.3.4 コンテナの動作確認 ... 80

### 9.4 Fargateにおけるロギング ... 80
- 9.4.1 CloudWatch Logs ... 81
- 9.4.2 ECSタスク実行IAMロール ... 81
- 9.4.3 Dockerコンテナのロギング ... 82

## 第10章 バッチ ... 84

### 10.1 バッチ設計 ... 84
- 10.1.1 バッチ設計の基本原則 ... 84
- 10.1.2 ジョブ管理 ... 84

### 10.2 ECS Scheduled Tasks ... 85
- 10.2.1 バッチ用タスク定義 ... 85
- 10.2.2 CloudWatchイベントIAMロール ... 86
- 10.2.3 CloudWatchイベントルール ... 87
- 10.2.4 CloudWatchイベントターゲット ... 88
- 10.2.5 バッチの動作確認 ... 89

## 第11章 鍵管理 ... 90

### 11.1 KMS（Key Management Service） ... 90
- 11.1.1 カスタマーマスターキー ... 90
- 11.1.2 エイリアス ... 91

## 第12章 設定管理 ... 92

### 12.1 コンテナの設定管理 ... 92
### 12.2 SSMパラメータストア ... 92
- 12.2.1 AWS CLIによる操作 ... 92
- 12.2.2 Terraformによるコード化 ... 93
- 12.2.3 SSMパラメータストアとECSの統合 ... 95

## 第13章　データストア　　96
### 13.1　RDS（Relational Database Service）　　96
- 13.1.1　DBパラメータグループ　　96
- 13.1.2　DBオプショングループ　　97
- 13.1.3　DBサブネットグループ　　97
- 13.1.4　DBインスタンス　　98
- 13.1.5　マスターパスワードの変更　　100

### 13.2　ElastiCache　　101
- 13.2.1　ElastiCacheパラメータグループ　　101
- 13.2.2　ElastiCacheサブネットグループ　　101
- 13.2.3　ElastiCacheレプリケーショングループ　　102

## 第14章　デプロイメントパイプライン　　105
### 14.1　デプロイメントパイプラインの設計　　105
### 14.2　コンテナレジストリ　　105
- 14.2.1　ECRリポジトリ　　105
- 14.2.2　ECRライフサイクルポリシー　　106
- 14.2.3　Dockerイメージのプッシュ　　107

### 14.3　継続的インテグレーション　　107
- 14.3.1　CodeBuildサービスロール　　107
- 14.3.2　CodeBuildプロジェクト　　108
- 14.3.3　ビルド仕様　　109

### 14.4　継続的デリバリー　　110
- 14.4.1　CodePipelineサービスロール　　111
- 14.4.2　アーティファクトストア　　112
- 14.4.3　GitHubトークン　　112
- 14.4.4　CodePipeline　　113
- 14.4.5　CodePipeline Webhook　　116
- 14.4.6　GitHubプロバイダ　　117
- 14.4.7　GitHub Webhook　　117

## 第15章　SSHレスオペレーション　　119
### 15.1　オペレーションサーバーの設計　　119
- 15.1.1　運用　　119
- 15.1.2　セキュリティ　　119
- 15.1.3　トレーサビリティ　　119

### 15.2　Session Manager　　119
- 15.2.1　インスタンスプロファイル　　120
- 15.2.2　EC2インスタンス　　121
- 15.2.3　オペレーションログ　　122

### 15.3　ローカル環境　　124
- 15.3.1　Session Manager Plugin　　124
- 15.3.2　シェルアクセス　　125

## 第16章　ロギング　126

- 16.1　ロギングの種類　126
  - 16.1.1　S3へのロギング　126
  - 16.1.2　CloudWatch Logsへのロギング　126
- 16.2　ログ検索　127
  - 16.2.1　Athena　127
  - 16.2.2　CloudWatch Logs Insights　129
- 16.3　ログ永続化　130
  - 16.3.1　ログ永続化バケット　130
  - 16.3.2　Kinesis Data Firehose IAMロール　131
  - 16.3.3　Kinesis Data Firehose 配信ストリーム　132
  - 16.3.4　CloudWatch Logs IAMロール　132
  - 16.3.5　CloudWatch Logs サブスクリプションフィルタ　133

## 第17章　Terraformベストプラクティス　135

- 17.1　Terraformバージョンを固定する　135
- 17.2　プロバイダバージョンを固定する　135
- 17.3　削除操作を抑止する　135
- 17.4　コードフォーマットをかける　136
- 17.5　バリデーションをかける　136
- 17.6　オートコンプリートを有効にする　137
- 17.7　プラグインキャッシュを有効にする　137
- 17.8　TFLintで不正なコードを検出する　137
  - 17.8.1　TFLintのインストール　138
  - 17.8.2　TFLintの使い方　138
  - 17.8.3　Deep Checking　138

## 第18章　AWSベストプラクティス　140

- 18.1　ネットワーク系デフォルトリソースの使用を避ける　140
- 18.2　データストア系デフォルトリソースの使用を避ける　140
- 18.3　APIの削除保護機能を活用する　140
- 18.4　暗黙的な依存関係を把握する　141
- 18.5　暗黙的に作られるリソースに注意する　141

## 第19章　高度な構文 … 142

- 19.1　三項演算子 … 142
- 19.2　複数リソース作成 … 142
- 19.3　リソース作成制御 … 143
- 19.4　主要なデータソース … 144
  - 19.4.1　AWSアカウントID … 144
  - 19.4.2　リージョン … 145
  - 19.4.3　アベイラビリティゾーン … 145
  - 19.4.4　サービスアカウント … 145
- 19.5　主要な組み込み関数 … 146
  - 19.5.1　Numeric Functions … 146
  - 19.5.2　String Functions … 146
  - 19.5.3　Collection Functions … 146
  - 19.5.4　Filesystem Functions … 147
  - 19.5.5　その他の組み込み関数 … 147
- 19.6　ランダム文字列 … 147
- 19.7　Multipleプロバイダ … 148
  - 19.7.1　リソースのマルチリージョン定義 … 149
  - 19.7.2　モジュールのマルチリージョン定義 … 149
- 19.8　Dynamic blocks … 151
  - 19.8.1　シンプルなDynamic blocks … 151
  - 19.8.2　複雑なDynamic blocks … 152
  - 19.8.3　Dynamic blocksの注意点 … 153

## 第20章　tfstateファイルの管理 … 154

- 20.1　ステートバケット … 154
  - 20.1.1　ステートバケットの作成 … 154
  - 20.1.2　ステートバケットの利用 … 155
- 20.2　Terraform Cloud … 156
  - 20.2.1　アカウント登録 … 156
  - 20.2.2　Organizationの作成 … 156
  - 20.2.3　トークンの設定 … 157
  - 20.2.4　Terraform Cloudの利用 … 158
  - 20.2.5　ロックと変更履歴 … 160

## 第21章　構造化 … 162

- 21.1　モノリス … 162
- 21.2　モジュールの分離 … 162
  - 21.2.1　別ディレクトリへの分離 … 163
  - 21.2.2　別リポジトリへの分離 … 163
- 21.3　独立した環境 … 163
  - 21.3.1　ディレクトリ分割 … 163
  - 21.3.2　Workspaces … 164
- 21.4　コンポーネント分割 … 166
  - 21.4.1　安定度 … 166
  - 21.4.2　ステートフル … 166

- 21.4.3 影響範囲 ･･････････ 166
- 21.4.4 組織のライフサイクル ･･････････ 166
- 21.4.5 関心事の分離 ･･････････ 167
- 21.5 依存関係の制御 ･･････････ 167

# 第22章 モジュール設計 ･･････････ 168

- 22.1 モジュールの設計原則 ･･････････ 168
  - 22.1.1 Small is beautiful ･･････････ 168
  - 22.1.2 疎結合 ･･････････ 168
  - 22.1.3 高凝集 ･･････････ 168
  - 22.1.4 認知的負荷 ･･････････ 168
- 22.2 優れたモジュールの構成要素 ･･････････ 169
  - 22.2.1 Standard Module Structure ･･････････ 169
  - 22.2.2 ドキュメンテーション ･･････････ 170
  - 22.2.3 バージョニング ･･････････ 171
  - 22.2.4 バージョン制約 ･･････････ 171
- 22.3 公開モジュール ･･････････ 172
  - 22.3.1 GitHub ･･････････ 172
  - 22.3.2 Terraform Module Registry ･･････････ 173
  - 22.3.3 バージョンアップ ･･････････ 173
  - 22.3.4 公開モジュールの利用 ･･････････ 174

# 第23章 リソース参照パターン ･･････････ 175

- 23.1 リテラル ･･････････ 175
  - 23.1.1 参照対象のリソースの定義 ･･････････ 175
  - 23.1.2 リテラルによる参照 ･･････････ 176
- 23.2 リモートステート ･･････････ 176
  - 23.2.1 バックエンドの定義 ･･････････ 176
  - 23.2.2 リモートステートによる参照 ･･････････ 177
- 23.3 SSMパラメータストア連携 ･･････････ 178
  - 23.3.1 SSMパラメータストアの定義 ･･････････ 178
  - 23.3.2 SSMパラメータストアによる参照 ･･････････ 178
- 23.4 データソースと依存関係の分離 ･･････････ 179
  - 23.4.1 参照対象のリソースへタグを追加 ･･････････ 179
  - 23.4.2 データソースによる参照 ･･････････ 180
- 23.5 Data-only Modules ･･････････ 182
  - 23.5.1 Data-only Modulesの定義 ･･････････ 182
  - 23.5.2 Data-only Modulesによる参照 ･･････････ 183

# 第24章 リファクタリング ･･････････ 184

- 24.1 tfstateファイルのバックアップ ･･････････ 184
- 24.2 ステートの参照 ･･････････ 184
  - 24.2.1 terraform state list ･･････････ 184
  - 24.2.2 terraform state show ･･････････ 185
  - 24.2.3 terraform state pull ･･････････ 185
- 24.3 ステートの上書き ･･････････ 186

- 24.3.1 tfstateファイルの書き換え ... 186
- 24.3.2 terraform state push ... 186

### 24.4 ステートからリソースを削除 ... 187
- 24.4.1 terraform state rm ... 188
- 24.4.2 リソースの存在確認 ... 188

### 24.5 リネーム ... 188
- 24.5.1 terraform state mvによるリソースのリネーム ... 189
- 24.5.2 terraform state mvによるモジュールのリネーム ... 189

### 24.6 tfstateファイル間の移動 ... 191
- 24.6.1 リソースをローカルへ移動 ... 191
- 24.6.2 移動先のtfstateファイルをローカルへコピー ... 192
- 24.6.3 tfstateファイル間のリソース移動 ... 193
- 24.6.4 移動先のtfstateファイルを上書き ... 194
- 24.6.5 コードの修正 ... 195

## 第25章 既存リソースのインポート ... 196

### 25.1 terraform import ... 196
- 25.1.1 単一リソースのインポート ... 196
- 25.1.2 関連リソースのインポート ... 198

### 25.2 terraformer ... 202
- 25.2.1 terraformerのインストール ... 202
- 25.2.2 指定したリソースのインポート ... 203
- 25.2.3 すべてのリソースのインポート ... 205
- 25.2.4 関連するリソースのインポート ... 205

## 第26章 チーム開発 ... 206

### 26.1 ソースコード管理 ... 206

### 26.2 ブランチ戦略 ... 206

### 26.3 レビュー ... 206
- 26.3.1 アーキテクチャレビュー ... 206
- 26.3.2 コードレビュー ... 207
- 26.3.3 実行計画レビュー ... 207
- 26.3.4 プルリクエストテンプレート ... 207

### 26.4 Apply戦略 ... 208
- 26.4.1 手動Apply ... 208
- 26.4.2 自動Apply ... 208

### 26.5 コンテキストの理解 ... 209
- 26.5.1 ビジネス目標 ... 209
- 26.5.2 ステークホルダー ... 209
- 26.5.3 アプリケーション ... 209
- 26.5.4 システムアーキテクチャ ... 209

## 第27章　継続的Apply ・・・・・・・・・・・・・・・・・・・・・・・・・・・・・・・・・・・・・・・・・・・・・・・・・・・・・ 210
### 27.1　ワークフロー ・・・・・・・・・・・・・・・・・・・・・・・・・・・・・・・・・・・・・・・・・・・・・・・・・・・・・・・・・ 210
### 27.2　apply実行環境 ・・・・・・・・・・・・・・・・・・・・・・・・・・・・・・・・・・・・・・・・・・・・・・・・・・・・・・ 210
27.2.1　CodeBuildサービスロールの作成 ・・・・・・・・・・・・・・・・・・・・・・・・・・・・ 210
27.2.2　GitHubトークンの保存 ・・・・・・・・・・・・・・・・・・・・・・・・・・・・・・・・・・・・・・ 210
27.2.3　CodeBuildプロジェクトの作成 ・・・・・・・・・・・・・・・・・・・・・・・・・・・・・・・ 211
27.2.4　CodeBuild Webhookの作成 ・・・・・・・・・・・・・・・・・・・・・・・・・・・・・・・・・ 212
### 27.3　ビルドリポジトリ ・・・・・・・・・・・・・・・・・・・・・・・・・・・・・・・・・・・・・・・・・・・・・・・・・・・ 213
27.3.1　buildspec.yml ・・・・・・・・・・・・・・・・・・・・・・・・・・・・・・・・・・・・・・・・・・・・・・ 214
27.3.2　buildスクリプト ・・・・・・・・・・・・・・・・・・・・・・・・・・・・・・・・・・・・・・・・・・・・ 214
27.3.3　planスクリプト ・・・・・・・・・・・・・・・・・・・・・・・・・・・・・・・・・・・・・・・・・・・・ 215
27.3.4　applyスクリプト ・・・・・・・・・・・・・・・・・・・・・・・・・・・・・・・・・・・・・・・・・・・ 215
### 27.4　tfnotify ・・・・・・・・・・・・・・・・・・・・・・・・・・・・・・・・・・・・・・・・・・・・・・・・・・・・・・・・・・・ 216
27.4.1　installスクリプト ・・・・・・・・・・・・・・・・・・・・・・・・・・・・・・・・・・・・・・・・・・ 216
27.4.2　tfnotifyの設定 ・・・・・・・・・・・・・・・・・・・・・・・・・・・・・・・・・・・・・・・・・・・・・ 217
27.4.3　tfnotifyの組み込み ・・・・・・・・・・・・・・・・・・・・・・・・・・・・・・・・・・・・・・・・・ 218
27.4.4　GitHubへの通知 ・・・・・・・・・・・・・・・・・・・・・・・・・・・・・・・・・・・・・・・・・・・ 218
### 27.5　Branch protection rules ・・・・・・・・・・・・・・・・・・・・・・・・・・・・・・・・・・・・・・・・・・ 219

## 第28章　落ち穂拾い ・・・・・・・・・・・・・・・・・・・・・・・・・・・・・・・・・・・・・・・・・・・・・・・・・・・・・ 222
### 28.1　高速化 ・・・・・・・・・・・・・・・・・・・・・・・・・・・・・・・・・・・・・・・・・・・・・・・・・・・・・・・・・・・・ 222
### 28.2　デバッグログ ・・・・・・・・・・・・・・・・・・・・・・・・・・・・・・・・・・・・・・・・・・・・・・・・・・・・・・ 222
### 28.3　JSONコメント ・・・・・・・・・・・・・・・・・・・・・・・・・・・・・・・・・・・・・・・・・・・・・・・・・・・・ 223
### 28.4　Terraformのアップグレード ・・・・・・・・・・・・・・・・・・・・・・・・・・・・・・・・・・・・・・・ 223
### 28.5　AWSプロバイダのアップグレード ・・・・・・・・・・・・・・・・・・・・・・・・・・・・・・・・・・ 224
### 28.6　周辺ツールの探し方 ・・・・・・・・・・・・・・・・・・・・・・・・・・・・・・・・・・・・・・・・・・・・・・・ 224
### 28.7　公式ドキュメントを読むコツ ・・・・・・・・・・・・・・・・・・・・・・・・・・・・・・・・・・・・・・・ 224
### 28.8　構成ドリフト ・・・・・・・・・・・・・・・・・・・・・・・・・・・・・・・・・・・・・・・・・・・・・・・・・・・・・・ 225
### 28.9　未知の未知 ・・・・・・・・・・・・・・・・・・・・・・・・・・・・・・・・・・・・・・・・・・・・・・・・・・・・・・・・ 225

## 付録A　巨人の肩の上に乗る ・・・・・・・・・・・・・・・・・・・・・・・・・・・・・・・・・・・・・・・・・・・・・ 226
### A.1　Terraform ・・・・・・・・・・・・・・・・・・・・・・・・・・・・・・・・・・・・・・・・・・・・・・・・・・・・・・・・ 226
### A.2　AWS ・・・・・・・・・・・・・・・・・・・・・・・・・・・・・・・・・・・・・・・・・・・・・・・・・・・・・・・・・・・・・・ 226
### A.3　インフラストラクチャ ・・・・・・・・・・・・・・・・・・・・・・・・・・・・・・・・・・・・・・・・・・・・・ 226
### A.4　システムアーキテクチャ ・・・・・・・・・・・・・・・・・・・・・・・・・・・・・・・・・・・・・・・・・・・ 227
### A.5　ソフトウェア設計 ・・・・・・・・・・・・・・・・・・・・・・・・・・・・・・・・・・・・・・・・・・・・・・・・・ 227

おわりに ・・・・・・・・・・・・・・・・・・・・・・・・・・・・・・・・・・・・・・・・・・・・・・・・・・・・・・・・・・・・・・・・・・ 229
謝辞 ・・・・・・・・・・・・・・・・・・・・・・・・・・・・・・・・・・・・・・・・・・・・・・・・・・・・・・・・・・・・・・・・・・・・・・ 229
あなたへ ・・・・・・・・・・・・・・・・・・・・・・・・・・・・・・・・・・・・・・・・・・・・・・・・・・・・・・・・・・・・・・・・・・ 229

# はじめに

『**実践Terraform**』では、AWSを題材にTerraformの設計と実装を学びます。ECS Fargateなどのマネージドサービスを中心にアーキテクチャ設計を行い、Terraformで実装していきます。

変更しやすいコードを維持し、本番運用に強いシステムを構築するために必要となるプラクティスもあわせて紹介します。200以上のサンプルコードを用意したので、ぜひ手を動かしながら一緒に学びましょう。

## Terraformとは

Terraformはインフラストラクチャを安全かつ効率的に管理するためのツールです。Terraformを使うと、宣言的なコードでインフラストラクチャを記述できます。コードをバージョン管理することで、システムの変更履歴を簡単に追跡できるようになります。

Terraformはインフラストラクチャを変更する前に、これからなにが起きるのかを教えてくれます。変更を反映する前に、本当に実行してよいか判断する機会が与えられるため、安心してシステムを変更できます。またTerraformは自動的に依存関係を解決するため、手作業にありがちなヒューマンエラーを大幅に削減します。

## 本書の構成

本書は「入門編」「実践編」「運用・設計編」の3部で構成されています。

第1章から第3章までが「入門編」です。第1章でAWSとTerraformのセットアップを行います。そして第2章と第3章で、Terraformの基礎知識を一気に学びます。

第4章から第16章までが「実践編」です。第4章でシステムの全体設計を行います。そして第5章から第16章では、AWSの各種リソースをTerraformで実装します。

第17章から第28章が「運用・設計編」です。コードの構造化・リファクタリング・モジュール設計・チーム開発など、本番運用に欠かせない考え方を学びます。

## 対象読者

対象読者は「**Terraformに関心のある人すべて**」です。

Terraformが未経験であれば、最初から読みはじめましょう。AWSの経験が多少あれば、すんなり入門できます。

Terraformの基礎知識がすでにあるなら、第5章から第16章の気になる章をチェックしましょう。本番運用を想定した、各種AWSリソースの構築方法を習得できます。

Terraformを本番環境で運用している人には、第17章以降が役立つでしょう。ソフトウェアの設計原則をベースにしたTerraformの設計技法や、運用ノウハウを凝縮してお届けします。

## 開発環境

動作確認はすべて、macOS上で行っています。Terraformのバージョンは0.12.5、AWSプロバイダのバージョンは2.20.0です。また本書では、次のツールはインストール済みという前提で進めます。インストールされていない場合は、事前にインストールを済ませておきましょう。

・Homebrew[1]
・Git[2]
・Docker[3]

なお本書では、たくさんのAWSのサービスを扱います。無料枠ではないリソースも多いので、不要になったリソースは適宜削除しましょう。

## サンプルコード

すべてのサンプルコードはGitHubで公開しています。

・https://github.com/tmknom/example-pragmatic-terraform

## 免責事項

本書に記載された内容は、情報の提供のみを目的としています。したがって、本書を用いた開発、製作、運用は、必ずご自身の責任と判断によって行ってください。これらの情報による開発、製作、運用の結果について、著者はいかなる責任も負いません。

## 表記関係について

本書に記載されている会社名、製品名などは、一般に各社の登録商標または商標、商品名です。会社名、製品名については、本文中では©、®、™マークなどは表示していません。

## 底本について

本書籍は、技術系同人誌即売会「技術書典6」で頒布されたものを底本としています。

---

1. https://brew.sh/index_ja
2. https://git-scm.com/
3. https://www.docker.com/

# 第1章 セットアップ

本章ではmacOSを前提に、AWSとTerraformのセットアップを行います。Terraform専用のIAMユーザーを作成してアクセスキーを払い出し、AWS CLIとTerraformをインストールします。

## 1.1 AWS

AWSでIAMユーザーを作成し、アクセスキーを払い出します。あわせてAWS CLIをインストールし、コマンドラインからAWSのAPIを操作できるようにします。

### 1.1.1 IAMユーザー

Terraform用のIAMユーザーを作成します。ブラウザーからAWSマネジメントコンソールのIAM[1]に移動し、「(1) ユーザー」「(2) ユーザーを追加」の順にクリックします（図1.1）。

図1.1: IAM

「(1) ユーザー名」を入力します。「(2) プログラムによるアクセス」をチェックして、「(3) 次のステップ: アクセス権限」をクリックします（図1.2）。

なお、**「AWSマネジメントコンソールへのアクセス」のチェックは外します**。このIAMユーザーはAWSマネジメントコンソールへのサインインには使用しないため、パスワードの生成は行いません。

---

1. https://console.aws.amazon.com/iam/

図1.2: ユーザー詳細の設定

「(1) 既存のポリシーを直接アタッチ」をクリックします。「(2) AdministratorAccess」をチェックして、「(3) 次のステップ: タグ」をクリックします（図1.3）。

図1.3: アクセス許可の設定

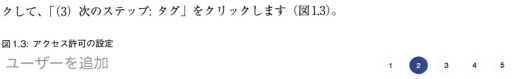

タグは追加せず「次のステップ: 確認」をクリックします（図1.4）。

図1.4: タグの追加

内容を確認し、「ユーザーの作成」をクリックします（図1.5）。

図1.5: 確認

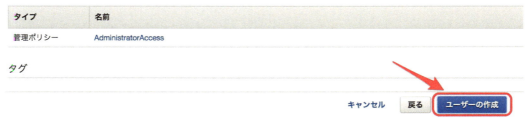

するとIAMユーザーが作成され、アクセスキーが表示されます（図1.6）。それではブラウザーを開いたまま、次に進みます。

図1.6: アクセスキーの表示

## 1.1.2 AWS CLI

AWS CLIは、Pythonパッケージマネージャーのpip3からインストールできます。

```
$ pip3 install awscli --upgrade
```

インストールできたら、AWS CLIのバージョンを確認します。

```
$ aws --version
aws-cli/1.16.198 Python/3.7.4 Darwin/18.6.0 botocore/1.12.188
```

## 1.1.3 クレデンシャル

AWSマネジメントコンソール（図1.6）からアクセスキーIDとシークレットアクセスキーをコピーし、環境変数に設定します。

```
$ export AWS_ACCESS_KEY_ID=AKIAIOSFODNN7EXAMPLE
$ export AWS_SECRET_ACCESS_KEY=wJalrXUtnFEMI/K7MDENG/bPxRfiCYEXAMPLEKEY
$ export AWS_DEFAULT_REGION=ap-northeast-1
```

確認しましょう。AWSアカウントIDが出力されれば、正しく設定されています。

```
$ aws sts get-caller-identity --query Account --output text
123456789012
```

なお、「**AdministratorAccess**」ポリシーがアタッチされたアクセスキーの権限は強力です。間違っても流出しないよう、扱いには細心の注意を払いましょう。

## 1.2 Terraform

とりあえずTerraformを試すならHomebrewが手軽です。しかし、実運用では頻繁にTerraformのバージョンアップが発生します。そこで「tfenv」や「Dockernized Terraform」で、複数のバージョンを切り替えられるようにしましょう。

なお、TerraformでAWSを操作するには「1.1.3 クレデンシャル」の設定が必要です。

### 1.2.1 Homebrew

Homebrewを使う場合、次のようにインストールできます。

```
$ brew install terraform
```

インストールできたら、Terraformのバージョンを確認します。

```
$ terraform --version
Terraform v0.12.5
```

### 1.2.2 tfenv

tfenv[2]はTerraformのバージョンマネージャーです。tfenvを使うと、異なるバージョンのTerraformを簡単に扱えます。

#### tfenvのインストール

tfenvはHomebrewでインストールできます。

```
$ brew install tfenv
```

インストールできたら、tfenvのバージョンを確認します。

```
$ tfenv --version
tfenv 1.0.1
```

---

[2] https://github.com/tfutils/tfenv

## tfenvの使い方

「`list-remote`」コマンドで、インストールできるバージョンの一覧を取得できます。

```
$ tfenv list-remote
0.12.5
0.12.4
0.12.3
```

「`install`」コマンドを使って、0.12.5をインストールしましょう。

```
$ tfenv install 0.12.5
```

インストールできたら0.12.4など、他のバージョンもインストールします。いくつかインストールしたら「`list`」コマンドを使って、インストール済みのバージョンを確認します。すると、最後にインストールしたバージョンが自動的に選択されています。

```
$ tfenv list
  0.12.5
* 0.12.4 (set by /usr/local/Cellar/tfenv/1.0.1/version)
```

そこで「`use`」コマンドを使い、バージョンを切り替えます。

```
$ tfenv use 0.12.5
```

たったこれだけでバージョンが切り替わります。確認しましょう。

```
$ tfenv list
* 0.12.5 (set by /usr/local/Cellar/tfenv/1.0.1/version)
  0.12.4
```

## .terraform-version

チーム開発の場合は、「`.terraform-version`」ファイルをリポジトリに含めましょう。

```
$ echo 0.12.5 > .terraform-version
$ tfenv install
```

このファイルにバージョンを記述すると、チームメンバーが「`tfenv install`」コマンドを実行するだけで、バージョンを統一できます。

### 1.2.3 Dockernized Terraform

TerraformはDocker Hub[3]で公式イメージが配布されています。Dockerさえ入っていればどこでも実行できるシンプルさが魅力です。まずdocker pullします。

```
$ docker pull hashicorp/terraform:0.12.5
```

バージョンを確認します。

```
$ docker run --rm hashicorp/terraform:0.12.5 --version
Terraform v0.12.5
```

実行時にはソースコードがあるディレクトリをボリュームマウントして、作業ディレクトリを指定します。またAWSのクレデンシャルは、明示的に環境変数として渡します。

```
$ docker run --rm -i -v $PWD:/work -w /work \
  -e AWS_ACCESS_KEY_ID=$AWS_ACCESS_KEY_ID \
  -e AWS_SECRET_ACCESS_KEY=$AWS_SECRET_ACCESS_KEY \
  -e AWS_DEFAULT_REGION=$AWS_DEFAULT_REGION \
  hashicorp/terraform:0.12.5 <command>
```

Dockernized Terraformの欠点はコマンドが長いことです。この方法を採用する場合、エイリアスの設定やラッパーシェルの実装など、工夫が必要です。

## 1.3 git-secrets

クレデンシャル流出防止のために、「**git-secrets**[4]」を導入しましょう。git-secretsはアクセスキーやパスワードのような秘匿情報をGitでコミットしようとすると、警告してくれます。git-secretsにHomebrewでインストールできます。

```
$ brew install git-secrets
```

インストールできたらGitに設定します。

```
$ git secrets --register-aws --global
$ git secrets --install ~/.git-templates/git-secrets
$ git config --global init.templatedir '~/.git-templates/git-secrets'
```

---

[3] https://hub.docker.com/
[4] https://github.com/awslabs/git-secrets

以後は誤って秘匿情報をコミットしようとすると、エラーになります。

```
$ git commit -m "sample commit"
main.tf:2:   access_key = "AKIAIOSFODNN7EXAMPLE"
main.tf:3:   secret_key = "wJalrXUtnFEMI/K7MDENG/bPxRfiCYEXAMPLEKEY"

[ERROR] Matched one or more prohibited patterns
```

# 第2章　基本操作

　本章ではTerraformの基本操作を学びます。TerraformでEC2インスタンスを作成し、設定変更・再作成を行います。最後にEC2インスタンスを削除し、Terraformによるリソース管理のライフサイクルを一巡します。

## 2.1　リソースの作成

　事前準備として、まずは適当なディレクトリに「main.tf」というファイルを作ります。

```
$ mkdir example
$ cd example
$ touch main.tf
```

### 2.1.1　HCL（HashiCorp Configuration Language）

　作成したmain.tfをエディターで開き、リスト2.1のように実装します。このコードではAmazon Linux 2のAMIをベースに、EC2インスタンスを作成します。

リスト2.1: EC2インスタンスの定義

```
1: resource "aws_instance" "example" {
2:   ami           = "ami-0c3fd0f5d33134a76"
3:   instance_type = "t3.micro"
4: }
```

　TerraformのコードはHCL (HashiCorp Configuration Language)という言語で実装します。HCLはTerraformを開発している、HashiCorp社が設計した言語です。EC2インスタンスのようなリソースは「resource」ブロックで定義します。

### 2.1.2　terraform init

　コードを書いたら「**terraform init**」コマンドを実行し、リソース作成に必要なバイナリファイルをダウンロードします。「`Terraform has been successfully initialized!`」と表示されていれば成功です。

```
$ terraform init
Initializing the backend...

Terraform has been successfully initialized!
```

### 2.1.3　terraform plan

次は「**terraform plan**」コマンドです。このコマンドを実行すると『**実行計画**』が出力され、これからなにが起きるのか、Terraformが教えてくれます。

```
$ terraform plan
An execution plan has been generated and is shown below.
Resource actions are indicated with the following symbols:
  + create

Terraform will perform the following actions:

  # aws_instance.example will be created
  + resource "aws_instance" "example" {
      + ami                          = "ami-0c3fd0f5d33134a76"
      + id                           = (known after apply)
      + instance_type                = "t3.micro"
      ......
    }

Plan: 1 to add, 0 to change, 0 to destroy.
```

『+』マークとともに「aws_instance.example will be created」というメッセージが出力されています。これは「**新規にリソースを作成する**」という意味です。

### 2.1.4　terraform apply

今度は「**terraform apply**」コマンドを実行します。このコマンドでは、あらためてplan結果が表示され、本当に実行していいか確認が行われます。

```
$ terraform apply
......
Do you want to perform these actions?
  Terraform will perform the actions described above.
  Only 'yes' will be accepted to approve.

  Enter a value:
```

「Enter a value:」と表示され『yes』と入力すると、リソース作成を実行します[1]。

```
aws_instance.example: Still creating... [10s elapsed]
aws_instance.example: Creation complete after 13s [id=i-0ac33b62500ad8067]

Apply complete! Resources: 1 added, 0 changed, 0 destroyed.
```

AWSマネジメントコンソールでも、インスタンスの作成を確認できます（図2.1）。

図2.1: 「EC2の作成」をAWSマネジメントコンソールで確認

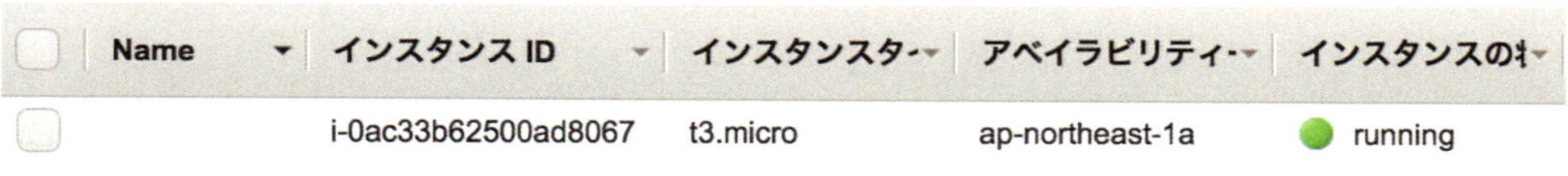

| Name | インスタンスID | インスタンスタ... | アベイラビリティ... | インスタンスの... |
|---|---|---|---|---|
|  | i-0ac33b62500ad8067 | t3.micro | ap-northeast-1a | ● running |

## 2.2 リソースの更新

リソースの作成に成功したら、変更してみましょう。

### 2.2.1 リソースの設定変更

リスト2.1をリスト2.2のように変更し、タグを追加します。

リスト2.2: タグを追加

```
1: resource "aws_instance" "example" {
2:   ami           = "ami-0c3fd0f5d33134a76"
3:   instance_type = "t3.micro"
4:
5:   tags = {
6:     Name = "example"
7:   }
8: }
```

---

[1]. デフォルトVPCが削除されているとエラーになります。「VPCIdNotSpecified: No default VPC for this user」のようなエラーメッセージが出た場合、デフォルトVPCの再作成が必要です。

コードを修正したら、terraform applyを実行します。

```
$ terraform apply
  # aws_instance.example will be updated in-place
  ~ resource "aws_instance" "example" {
      ~ tags                         = {
          + "Name" = "example"
        }
    }

Plan: 0 to add, 1 to change, 0 to destroy.
```

『+』マークから『~』マークに変化して「aws_instance.example will be updated in-place」というメッセージが出力されています。これは「**既存のリソースの設定を変更する**」という意味です。では、変更を反映します。

```
aws_instance.example: Modifying... [id=i-0ac33b62500ad8067]
aws_instance.example: Modifications complete after 2s [id=i-0ac33b62500ad8067]

Apply complete! Resources: 0 added, 1 changed, 0 destroyed.
```

AWSマネジメントコンソールでも、Nameタグの追加が確認できます（図2.2）。

図2.2: 「EC2へのタグの付与」をAWSマネジメントコンソールで確認

### 2.2.2 リソースの再作成

Apacheをインストールするため、リスト2.3のように変更してapplyします。

リスト2.3: User DataでApacheをインストール

```
 1: resource "aws_instance" "example" {
 2:   ami           = "ami-0c3fd0f5d33134a76"
 3:   instance_type = "t3.micro"
 4:
 5:   user_data = <<EOF
 6:     #!/bin/bash
 7:     yum install -y httpd
 8:     systemctl start httpd.service
 9: EOF
10: }
```

```
$ terraform apply
  # aws_instance.example must be replaced
-/+ resource "aws_instance" "example" {
      ami       = "ami-0c3fd0f5d33134a76"
    ~ id        = "i-0ac33b62500ad8067" -> (known after apply)
    + user_data = "655c303ddd9e02635f849fe2993693f147" # forces replacement
    }

Plan: 1 to add, 0 to change, 1 to destroy.
```

今度は『-/+』マークがつき「**aws_instance.example must be replaced**」というメッセージが出力されています。これは「**既存のリソースを削除して新しいリソースを作成する**」という意味です。

このメッセージは要注意です。これはリソース削除を伴うため、場合によってはサービスダウンを引き起こします。そのため、リソースが再作成される場合は念入りに確認すべきです。では、実行しましょう。

```
aws_instance.example: Destroying... [id=i-0ac33b62500ad8067]
aws_instance.example: Still destroying... [id=i-0ac33b62500ad8067, 10s elapsed]
aws_instance.example: Destruction complete after 20s
aws_instance.example: Creating...
aws_instance.example: Still creating... [10s elapsed]
aws_instance.example: Creation complete after 13s [id=i-0afd75edebabb1319]

Apply complete! Resources: 1 added, 0 changed, 1 destroyed.
```

AWSマネジメントコンソールで確認すると、最初のインスタンスがterminatedになり、新しいインスタンスが立ち上がっています（図2.3）。

図2.3:「EC2の再作成」をAWSマネジメントコンソールで確認

| Name | インスタンス ID | インスタンスタ… | アベイラビリティ… | インスタンスの… |
|---|---|---|---|---|
|  | i-0afd75edebabb1319 | t3.micro | ap-northeast-1a | 🟢 running |
| example | i-0ac33b62500ad8067 | t3.micro | ap-northeast-1a | 🟠 terminated |

このように、Terraformによるリソースの更新は、「**既存リソースをそのまま変更する**」ケースと「**リソースが作り直しになる**」ケースがあります。本番運用では、意図した挙動になるか、plan結果をきちんと確認することが大切です。

## 2.3 tfstateファイル

ここまでTerraformは、必要な部分だけを適切に変更してくれました。しかし、どうやってその判断をしているのでしょう。その答えが「**tfstateファイル**」です。

applyを一度でも実行していれば、terraform.tfstateファイルが作成されます。ファイルの中身を確認してみましょう。

```
$ cat terraform.tfstate
{
  "version": 4,
  "terraform_version": "0.12.5",
  "serial": 6,
  "lineage": "4c3075a8-4c5c-73d0-5bce-f88ae39a4e3b",
  "outputs": {},
  "resources": [
    {
      "mode": "managed",
      "type": "aws_instance",
      "name": "example",
      "provider": "provider.aws",
      "instances": [
        {
          "schema_version": 1,
          "attributes": {
            "ami": "ami-0c3fd0f5d33134a76",
            "id": "i-0afd75edebabb1319",
            "user_data": "655c303ddd9e02635f849fe2993693f147f4baf1",
            ......
```

tfstateファイルはTerraformが生成するファイルで、現在の状態を記録します。Terraformはtfstateファイルの状態とHCLのコードに差分があれば、その差分のみを変更するよう振る舞います。

デフォルトではローカルでtfstateファイルを管理しますが、リモートのストレージでも管理できます。詳細は第20章「tfstateファイルの管理」で学びます。

## 2.4　リソースの削除

せっかく作ったリソースですが、「**terraform destroy**」コマンドで削除しましょう。

```
$ terraform destroy
  # aws_instance.example will be destroyed
  - resource "aws_instance" "example" {
      - ami                          = "ami-0c3fd0f5d33134a76" -> null
      - id                           = "i-0afd75edebabb1319" -> null

Plan: 0 to add, 0 to change, 1 to destroy.
```

ここでは『-』マークがつき「**aws_instance.example will be destroyed**」というメッセージが出力されました。これは「**リソースを削除する**」という意味です。applyコマンド同様に、実行していいか確認が行われるのでyesと入力して、削除を実行します。

```
aws_instance.example: Destroying... [id=i-0afd75edebabb1319]
aws_instance.example: Still destroying... [id=i-0afd75edebabb1319, 10s elapsed]
aws_instance.example: Destruction complete after 20s

Destroy complete! Resources: 1 destroyed.
```

AWSマネジメントコンソールを確認すると、インスタンスがterminatedになり、きちんと削除されています（図2.4）。

図2.4: 「EC2の削除」をAWSマネジメントコンソールで確認

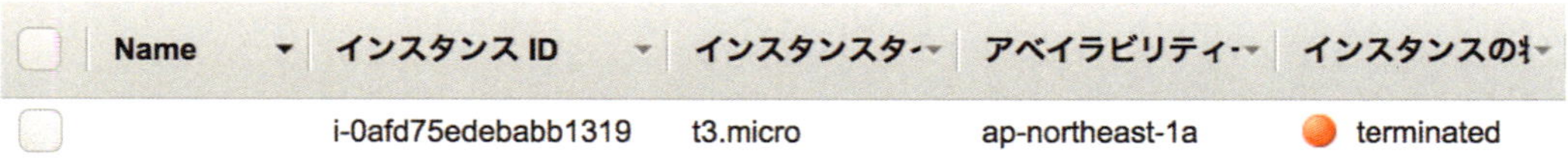

| Name | インスタンスID | インスタンスタ… | アベイラビリティ… | インスタンスの… |
|---|---|---|---|---|
| | i-0afd75edebabb1319 | t3.micro | ap-northeast-1a | 🟠 terminated |

---

### Terraform 0.11以前のバージョン

2019年5月にリリースされたTerraform 0.12では、言語仕様が拡張されました。そのため、0.11以前のバージョンと互換性がありません。

そこで調べ物をするときは、どのバージョンについての情報なのか、きちんと把握することが大切です。バージョンが明示されていないときは記事の日付を確認し、古い情報に惑わされないよう注意しましょう。

# 第3章 基本構文

本章ではリソース定義以外の基本的な構文を学びます。本章で学んだ内容に基づいて、第5章から第16章は実装します。覚えることはそれほど多くないので、まとめて習得しましょう。

## 3.1 変数

「**variable**」を使うと変数が定義できます。たとえば、example_instance_type変数はリスト3.1のように定義します。なお、リスト3.1ではデフォルト値も設定しています。Terraform実行時に変数を上書きしない場合は、このデフォルト値が使われます。

リスト3.1: 変数の定義

```
1: variable "example_instance_type" {
2:   default = "t3.micro"
3: }
4:
5: resource "aws_instance" "example" {
6:   ami           = "ami-0c3fd0f5d33134a76"
7:   instance_type = var.example_instance_type
8: }
```

変数は実行時に上書き可能で、その方法は複数存在します。たとえば次のように、コマンド実行時に「-var」オプションで上書きできます。

```
$ terraform plan -var 'example_instance_type=t3.nano'
```

また、環境変数で上書きすることも可能です。環境変数の場合、「TF_VAR_<name>」という名前にすると、Terraformが自動的に上書きします。

```
$ TF_VAR_example_instance_type=t3.nano terraform plan
```

## 3.2 ローカル変数

「**locals**」を使うとローカル変数が定義できます。リスト3.1をリスト3.2のように変更します。variableと異なり、localsはコマンド実行時に上書きできません。

リスト3.2: ローカル変数の定義
```
1: locals {
2:   example_instance_type = "t3.micro"
3: }
4:
5  resource "aws_instance" "example" {
6:   ami           = "ami-0c3fd0f5d33134a76"
7:   instance_type = local.example_instance_type
8: }
```

## 3.3 出力値

「**output**」を使うと出力値が定義できます。リスト3.3のように定義すると、apply時にターミナルで値を確認したり、「3.8 モジュール」から値を取得する際に使えます。

リスト3.3: 出力値の定義
```
1: resource "aws_instance" "example" {
2:   ami           = "ami-0c3fd0f5d33134a76"
3:   instance_type = "t3.micro"
4: }
5:
6: output "example_instance_id" {
7:   value = aws_instance.example.id
8: }
```

applyすると、実行結果の最後に、作成されたインスタンスのIDが出力されます。

```
$ terraform apply
Outputs:

example_instance_id = i-02bd77505ab68856f
```

## 3.4 データソース

データソースを使うと外部データを参照できます。たとえば、最新のAmazon Linux 2のAMIはリスト3.4のように定義すれば参照できます。少し複雑ですが、`filter`などを使って検索条件を指定し、`most_recent`で最新のAMIを取得しているだけです。

リスト3.4: データソースの定義

```
 1: data "aws_ami" "recent_amazon_linux_2" {
 2:   most_recent = true
 3:   owners      = ["amazon"]
 4:
 5:   filter {
 6:     name   = "name"
 7:     values = ["amzn2-ami-hvm-2.0.????????-x86_64-gp2"]
 8:   }
 9:
10:   filter {
11:     name   = "state"
12:     values = ["available"]
13:   }
14: }
15:
16: resource "aws_instance" "example" {
17:   ami           = data.aws_ami.recent_amazon_linux_2.image_id
18:   instance_type = "t3.micro"
19: }
```

## 3.5 プロバイダ

TerraformではAWSだけでなくGCPやAzureなどにも対応しています。そのAPIの違いを吸収するのがプロバイダの役割です。

実はここまでのコードでは、Terraformが暗黙的にプロバイダを検出していました。そこで、今度は明示的にAWSプロバイダを定義します。プロバイダの設定は変更可能で、たとえばリスト3.5ではリージョンを指定しています。

リスト3.5: プロバイダの定義

```
1: provider "aws" {
2:   region = "ap-northeast-1"
3: }
```

なおプロバイダは、Terraform本体とは分離されています。そのためterraform initコマンドで、プロバイダのバイナリファイルをダウンロードする必要があります。

> **リージョン**
>
> 　AWSの設備は世界中に分散して配置されています。その地理的に離れた領域をAWSでは「リージョン」と呼び、東京リージョンやバージニア北部リージョンなどが存在します。ネットワークのレイテンシを考慮し、サービス提供地域に近いリージョンで、システムを構築するのが定石です。「ap-northeast-1」は東京リージョンです。

## 3.6 参照

第2章のリスト2.3ではApacheをインストールしたEC2インスタンスを作成しましたが、残念ながらアクセスできません。セキュリティグループが必要です。そこでリスト3.6のように実装し、80番ポートを許可します[1]。

リスト3.6: EC2向けセキュリティグループの定義

```
 1: resource "aws_security_group" "example_ec2" {
 2:   name = "example-ec2"
 3:
 4:   ingress {
 5:     from_port   = 80
 6:     to_port     = 80
 7:     protocol    = "tcp"
 8:     cidr_blocks = ["0.0.0.0/0"]
 9:   }
10:
11:   egress {
12:     from_port   = 0
13:     to_port     = 0
14:     protocol    = "-1"
15:     cidr_blocks = ["0.0.0.0/0"]
16:   }
17: }
```

次にリスト3.7のように、`vpc_security_group_ids`からセキュリティグループへの参照を追加し、EC2インスタンスと関連付けます。なお、`vpc_security_group_ids`はリスト形式で渡すため、値を[]で囲みます。

---

1. リスト3.6では接続元のIPアドレスを制限していないので注意しましょう。

リスト3.7: EC2にセキュリティグループを追加

```
 1: resource "aws_instance" "example" {
 2:   ami                    = "ami-0c3fd0f5d33134a76"
 3:   instance_type          = "t3.micro"
 4:   vpc_security_group_ids = [aws_security_group.example_ec2.id]
 5:
 6:   user_data = <<EOF
 7:     #!/bin/bash
 8:     yum install -y httpd
 9:     systemctl start httpd.service
10: EOF
11: }
12:
13: output "example_public_dns" {
14:   value = aws_instance.example.public_dns
15: }
```

注目すべきは4行目です。このように「**TYPE.NAME.ATTRIBUTE**」の形式で書けば、他のリソースの値を参照できます。では、applyしてみましょう。

```
$ terraform apply
Outputs:

example_public_dns = ec2-54-250-247-94.ap-northeast-1.compute.amazonaws.com
```

出力されたexample_public_dnsにアクセスして、HTMLが返ってくれば成功です。

```
$ curl ec2-54-250-247-94.ap-northeast-1.compute.amazonaws.com
```

## 3.7 組み込み関数

　Terraformには、文字列操作やコレクション操作など、よくある処理が組み込み関数として提供されています。たとえば、外部ファイルを読み込むfile関数を使ってみましょう。これまで実装していたmain.tfファイルと同じディレクトリに、「user_data.sh」ファイルを作成し、リスト3.8のようなApacheのインストールスクリプトを実装します。

リスト3.8: Apacheのインストールスクリプト

```
1: #!/bin/bash
2: yum install -y httpd
3: systemctl start httpd.service
```

そして、リスト3.9のコードを実装してapplyすると、user_data.shファイルを読み込み、Apacheをインストールしてくれます。

リスト3.9: Apacheのインストールスクリプトをファイル読み込み

```
1: resource "aws_instance" "example" {
2:   ami           = "ami-0c3fd0f5d33134a76"
3:   instance_type = "t3.micro"
4:   user_data     = file("./user_data.sh")
5: }
```

## 3.8 モジュール

他のプログラミング言語同様、Terraformにもモジュール化の仕組みがあります。ここではHTTPサーバーのモジュールを実装します。

モジュールは別ディレクトリにする必要があるので、まずはhttp_serverディレクトリを作成します。そして、モジュールを定義するmain.tfファイルを作成します。

```
$ mkdir http_server
$ cd http_server
$ touch main.tf
```

すると、次のようなファイルレイアウトになります。

```
├── http_server
│   └── main.tf <- モジュールを定義するファイル
└── main.tf <- モジュールを利用するファイル
```

### 3.8.1 モジュールの定義

準備ができたので、http_serverディレクトリ配下のmain.tfファイルをエディターで開き、http_serverモジュールを実装します。リスト3.10のように、EC2インスタンスへApacheをインストールし、80番ポートを許可したセキュリティグループを定義しましょう。http_serverモジュールのインターフェイスは次のとおりです。

- 入力パラメータ「**instance_type**」：EC2のインスタンスタイプ
- 出力パラメータ「**public_dns**」：EC2のパブリックDNS

リスト3.10: HTTPサーバーモジュールの定義

```
 1: variable "instance_type" {}
 2:
 3: resource "aws_instance" "default" {
 4:   ami                    = "ami-0c3fd0f5d33134a76"
 5:   vpc_security_group_ids = [aws_security_group.default.id]
 6:   instance_type          = var.instance_type
 7:
 8:   user_data = <<EOF
 9:     #!/bin/bash
10:     yum install -y httpd
11:     systemctl start httpd.service
12: EOF
13: }
14:
15: resource "aws_security_group" "default" {
16:   name = "ec2"
17:
18:   ingress {
19:     from_port = 80
20:     to_port = 80
21:     protocol = "tcp"
22:     cidr_blocks = ["0.0.0.0/0"]
23:   }
24:
25:   egress {
26:     from_port = 0
27:     to_port = 0
28:     protocol = "-1"
29:     cidr_blocks = ["0.0.0.0/0"]
30:   }
31: }
32:
33: output "public_dns" {
34:   value = aws_instance.default.public_dns
35: }
```

### 3.8.2 モジュールの利用

次に、モジュール利用側のディレクトリに移動します。

```
$ cd ../
```

モジュール利用側のmain.tfファイルを開き、リスト3.11のように実装します。利用するモジュールはsourceに指定します。2行目のように、リスト3.10を実装したディレクトリを指定しましょう。

リスト3.11: HTTPサーバーモジュールの利用
```
1: module "web_server" {
2:   source        = "./http_server"
3:   instance_type = "t3.micro"
4: }
5:
6: output "public_dns" {
7:   value = module.web_server.public_dns
8: }
```

applyはモジュール利用側のディレクトリで実行します。ただし、モジュールを使用する場合、もうひと手間必要です。「**terraform get**」コマンドか「**terraform init**」コマンドを実行して、モジュールを事前に取得する必要があります。

```
$ terraform get
```

準備が整ったら、いつもどおりapplyします。public_dnsが表示されたら成功です。

```
$ terraform apply

public_dns = ec2-54-250-52-43.ap-northeast-1.compute.amazonaws.com
```

アクセス可能なサーバーが作成されているので確認しましょう。

```
$ curl ec2-54-250-52-43.ap-northeast-1.compute.amazonaws.com
```

確認できたら、destroyして課金されないようにすれば完璧です。

# 第4章　全体設計

いよいよここから本格的なTerraformの実装に入ります。まず本章では、第5章から第16章にかけて構築するシステムの全体像を説明します。

## 4.1　システム要件

Docker化したアプリケーションでWebサービスを提供することが、本書で構築するシステムの目的です。なお、アプリケーションの種類は特に限定しません。

非機能要件について厳密には定義しませんが、可用性やスケーラビリティ、セキュリティなどは可能な範囲で考慮します。また運用を楽にするため、マネージドサービスを積極的に採用します。

## 4.2　アーキテクチャ設計

エンドユーザーはHTTPSでWebサービスにアクセスします。ロードバランサーをパブリックネットワークに配置し、アプリケーションを動かすコンテナオーケストレーションサービスや、データベースはプライベートネットワークに配置します。

バッチのジョブ管理や暗号化のための鍵管理、アプリケーションの設定管理はすべてマネージドサービスで実装し、運用負荷の低減を図ります。また、デプロイメントパイプラインを構築して、継続的デリバリーを実現します。あわせて、運用で困らないようにオペレーションサーバーを構築し、ログの検索と永続化の仕組みを整えます。

## 4.3　テクノロジースタック

次のようなリソースを、各章で実装していきます（図4.1）。
- 第5章「権限管理」：IAMポリシー、IAMロール
- 第6章「ストレージ」：S3
- 第7章「ネットワーク」：VPC、NATゲートウェイ、セキュリティグループ
- 第8章「ロードバランサーとDNS」：ALB、Route53、ACM
- 第9章「コンテナオーケストレーション」：ECS Fargate
- 第10章「バッチ」：ECS Scheduled Tasks
- 第11章「鍵管理」：KMS
- 第12章「設定管理」：SSMパラメータストア
- 第13章「データストア」：RDS、ElastiCache
- 第14章「デプロイメントパイプライン」：ECR、CodeBuild、CodePipeline
- 第15章「SSHレスオペレーション」：EC2、Session Manager

・第16章「ロギング」：CloudWatch Logs、Kinesis Data Firehose

図4.1: テクノロジースタック

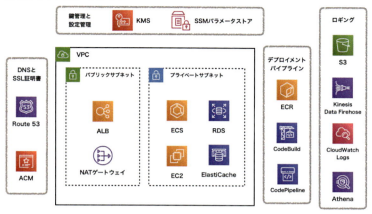

## 4.4 ファイルレイアウト

　第5章から第16章で登場するサンプルコードは、基本的に同一ディレクトリ内での実装を前提とします。たとえば、すべてを単一ファイルで実装できます。

```
└── main.tf
```

　あるいは、次のように複数ファイルへ分割することもできます。Terraformは拡張子「**tf**」のファイルを自動的に読み込むため、単一ファイルと同様に動作します。

```
├── network.tf
├── lb.tf
└── ecs.tf
```

　例外はモジュールで「5.2.4 IAMロールのモジュール化」や「7.4.2 セキュリティグループのモジュール化」では、サブディレクトリ配下にコードを実装します。

```
├── iam_role/
│   └── main.tf
├── security_group/
│   └── main.tf
└── main.tf
```

# 第5章　権限管理

　AWSでは、あるサービスから別のサービスを操作する際に、権限が必要です。そこで本章では、AWSのサービスに対する権限付与の方法を学びます。

## 5.1　ポリシー

　権限はポリシーで定義します。ポリシーでは「実行可能なアクション」や「操作可能なリソース」を指定でき、柔軟に権限が設定できます。

### 5.1.1　ポリシードキュメント

　ポリシーは「ポリシードキュメント」という、リスト5.1のようなJSONで記述します。

リスト5.1: JSON形式のポリシードキュメント

```
 1: {
 2:   "Version": "2012-10-17",
 3:   "Statement": [
 4:     {
 5:       "Effect": "Allow",
 6:       "Action": ["ec2:DescribeRegions"],
 7:       "Resource": ["*"]
 8:     }
 9:   ]
10: }
```

　ポリシードキュメントでは、次のような要素を記述します。
- **Effect**：Allow（許可）またはDeny（拒否）
- **Action**： なんのサービスで、どんな操作が実行できるか
- **Resource**： 操作可能なリソースはなにか

　リスト5.1は「リージョン一覧を取得する」という権限を意味します。なお、7行目の『*』は扱いが特殊で「すべて」という意味になります。

　リスト5.2のように`aws_iam_policy_document`データソースでもポリシーを記述できます。コメントの追加や変数の参照ができて便利です。

リスト5.2: ポリシードキュメントの定義

```
1: data "aws_iam_policy_document" "allow_describe_regions" {
2:   statement {
3:     effect    = "Allow"
4:     actions   = ["ec2:DescribeRegions"] # リージョン一覧を取得する
5:     resources = ["*"]
6:   }
7: }
```

### 5.1.2 IAMポリシー

ポリシードキュメントを保持するリソースが「IAMポリシー」です。リスト5.3のように、ポリシー名とポリシードキュメントを設定します。

リスト5.3: IAMポリシーの定義

```
1: resource "aws_iam_policy" "example" {
2:   name   = "example"
3:   policy = data.aws_iam_policy_document.allow_describe_regions.json
4: }
```

## 5.2 ロール

AWSのサービスへ権限を付与するために、「IAMロール」を作成します。

### 5.2.1 信頼ポリシー

IAMロールでは、自身をなんのサービスに関連付けるか宣言する必要があります。その宣言は「信頼ポリシー」と呼ばれ、リスト5.4のように定義します。

リスト5.4: 信頼ポリシーの定義

```
 1: data "aws_iam_policy_document" "ec2_assume_role" {
 2:   statement {
 3:     actions = ["sts:AssumeRole"]
 4:
 5:     principals {
 6:       type        = "Service"
 7:       identifiers = ["ec2.amazonaws.com"]
 8:     }
 9:   }
10: }
```

重要なのは7行目です。リスト5.4では「ec2.amazonaws.com」が指定されているので、このIAM
ロールは『EC2にのみ関連付けできる』ということになります。

### 5.2.2　IAMロール

IAMロールはリスト5.5のように定義します。信頼ポリシーとロール名を指定します。

リスト5.5: IAMロールの定義

```
1: resource "aws_iam_role" "example" {
2:   name               = "example"
3:   assume_role_policy = data.aws_iam_policy_document.ec2_assume_role.json
4: }
```

### 5.2.3　IAMポリシーのアタッチ

リスト5.6のように、IAMロールにIAMポリシーをアタッチします。IAMロールとIAMポリシー
は、関連付けないと機能しないので注意しましょう。

リスト5.6: IAMポリシーのアタッチ

```
1: resource "aws_iam_role_policy_attachment" "example" {
2:   role       = aws_iam_role.example.name
3:   policy_arn = aws_iam_policy.example.arn
4: }
```

### 5.2.4　IAMロールのモジュール化

IAMロールは本書でも頻繁に登場するため、モジュール化します。`iam_role`ディレクトリを作
成し、リスト5.7のように実装します。

#### IAMロールモジュールの定義

`iam_role`モジュールには3つの入力パラメータを持たせます。

- `name`：IAMロールとIAMポリシーの名前
- `policy`：ポリシードキュメント
- `identifier`：IAMロールを関連付けるAWSのサービス識別子

リスト5.7: IAMロールモジュールの定義

```
 1: variable "name" {}
 2: variable "policy" {}
 3: variable "identifier" {}
 4:
 5: resource "aws_iam_role" "default" {
 6:   name               = var.name
 7:   assume_role_policy = data.aws_iam_policy_document.assume_role.json
 8: }
 9:
10: data "aws_iam_policy_document" "assume_role" {
11:   statement {
12:     actions = ["sts:AssumeRole"]
13:
14:     principals {
15:       type        = "Service"
16:       identifiers = [var.identifier]
17:     }
18:   }
19: }
20:
21: resource "aws_iam_policy" "default" {
22:   name   = var.name
23:   policy = var.policy
24: }
25:
26: resource "aws_iam_role_policy_attachment" "default" {
27:   role       = aws_iam_role.default.name
28:   policy_arn = aws_iam_policy.default.arn
29: }
30:
31: output "iam_role_arn" {
32:   value = aws_iam_role.default.arn
33: }
34:
35: output "iam_role_name" {
36:   value = aws_iam_role.default.name
37: }
```

**IAMロールモジュールの利用**

　iam_roleモジュールはリスト5.8のように利用します。以降のIAMロールの実装では、このモジュールを使用します。

リスト5.8: IAMロールモジュールの利用

```
1: module "describe_regions_for_ec2" {
2:   source     = "./iam_role"
3:   name       = "describe-regions-for-ec2"
4:   identifier = "ec2.amazonaws.com"
5:   policy     = data.aws_iam_policy_document.allow_describe_regions.json
6: }
```

# 第6章 ストレージ

本章では**S3 (Simple Storage Service)**について、「プライベートバケット」「パブリックバケット」「ログバケット」の3つのユースケースを題材に学びます。

## 6.1 プライベートバケット

外部公開しないプライベートバケットから作成しましょう。

### 6.1.1 S3バケット

S3バケットをリスト6.1のように定義します。

リスト6.1: プライベートバケットの定義

```
 1: resource "aws_s3_bucket" "private" {
 2:   bucket = "private-pragmatic-terraform"
 3:
 4:   versioning {
 5:     enabled = true
 6:   }
 7:
 8:   server_side_encryption_configuration {
 9:     rule {
10:       apply_server_side_encryption_by_default {
11:         sse_algorithm = "AES256"
12:       }
13:     }
14:   }
15: }
```

**バケット名**

bucketに指定するバケット名は「全世界で一意にしなければならない」という大きな制約があります[1]。また、DNSの命名規則にも従う必要があります。

---

1. 「バケット名は全世界で一意」という制約により、本書で掲載しているS3バケットのサンプルコードはapplyしてもエラーになります。すでに存在するバケット名では作成できないためです。実際に試す場合は、別のバケット名に変更しましょう。

**バージョニング**

versioningの設定を有効にすると、オブジェクトを変更・削除しても、いつでも以前のバージョンへ復元できるようになります。多くのユースケースで有益な設定です。

**暗号化**

server_side_encryption_configurationで暗号化を有効にできます。暗号化を有効にすると、オブジェクト保存時に自動で暗号化し、オブジェクト参照時に自動で復号するようになります。使い勝手が悪くなることもなく、デメリットがほぼありません。

### 6.1.2　ブロックパブリックアクセス

ブロックパブリックアクセスを設定すると、予期しないオブジェクトの公開を抑止できます。既存の公開設定の削除や、新規の公開設定をブロックするなど細かく設定できます。特に理由がなければ、リスト6.2のように、すべての設定を有効にしましょう。

リスト6.2: ブロックパブリックアクセスの定義

```
1: resource "aws_s3_bucket_public_access_block" "private" {
2:   bucket                  = aws_s3_bucket.private.id
3:   block_public_acls       = true
4:   block_public_policy     = true
5:   ignore_public_acls      = true
6:   restrict_public_buckets = true
7: }
```

## 6.2　パブリックバケット

外部公開するパブリックバケットは、リスト6.3のように実装します。

リスト6.3: パブリックバケットの定義

```
 1: resource "aws_s3_bucket" "public" {
 2:   bucket = "public-pragmatic-terraform"
 3:   acl    = "public-read"
 4:
 5:   cors_rule {
 6:     allowed_origins = ["https://example.com"]
 7:     allowed_methods = ["GET"]
 8:     allowed_headers = ["*"]
 9:     max_age_seconds = 3000
10:   }
11: }
```

アクセス権はaclで設定します。ACLのデフォルトは「private」で、S3バケットを作成したAWSアカウント以外からはアクセスできません。そこでリスト6.3では明示的に「public-read」を指定し、インターネットからの読み込みを許可しています。

また、CORS（Cross-Origin Resource Sharing）も設定可能です。cors_ruleで許可するオリジンやメソッドを定義します。

## 6.3 ログバケット

AWSの各種サービスがログを保存するためのログバケットを作成します。

### 6.3.1 ログローテーションバケット

ログバケットは、リスト6.4のように実装します。ここでは、第8章で必要になるALBのアクセスログ用バケットを作成します。

ポイントはlifecycle_ruleです。ライフサイクルルールを設定することで、180日経過したファイルを自動的に削除し、無限にファイルが増えないようにします。

リスト6.4: ログバケットの定義

```
1: resource "aws_s3_bucket" "alb_log" {
2:   bucket = "alb-log-pragmatic-terraform"
3:
4:   lifecycle_rule {
5:     enabled = true
6:
7:     expiration {
8:       days = "180"
9:     }
10:  }
11: }
```

### 6.3.2 バケットポリシー

バケットポリシーで、S3バケットへのアクセス権を設定します。ALBのようなAWSのサービスから、S3へ書き込みを行う場合に必要です。バケットポリシーはリスト6.5のように実装します。

ALBの場合は、AWSが管理しているアカウントから書き込みます。そこで、14行目で書き込みを行うアカウントID（582318560864）を指定しています。なお、このアカウントIDはリージョンごとに異なります[2]。

---

[2] https://docs.aws.amazon.com/ja_jp/elasticloadbalancing/latest/classic/enable-access-logs.html

リスト6.5: バケットポリシーの定義

```
 1: resource "aws_s3_bucket_policy" "alb_log" {
 2:   bucket = aws_s3_bucket.alb_log.id
 3:   policy = data.aws_iam_policy_document.alb_log.json
 4: }
 5:
 6: data "aws_iam_policy_document" "alb_log" {
 7:   statement {
 8:     effect    = "Allow"
 9:     actions   = ["s3:PutObject"]
10:     resources = ["arn:aws:s3:::${aws_s3_bucket.alb_log.id}/*"]
11:
12:     principals {
13:       type        = "AWS"
14:       identifiers = ["582318560864"]
15:     }
16:   }
17: }
```

> ### S3バケットの削除
>
> 　S3バケットを削除する場合、バケット内が空になっていることを確認しましょう。バケット内にオブジェクトが残っていると、destroyコマンドで削除できません。しかし、オブジェクトが残っていても、Terraformで強制的に削除する方法はあります。
>
> 　リスト6.6のように、force_destroyをtrueにして一度applyしましょう。するとオブジェクトが残っていても、destroyコマンドでS3バケットを削除できるようになります。
>
> リスト6.6: S3バケットの強制削除
>
> ```
>  1: resource "aws_s3_bucket" "force_destroy" {
>  2:   bucket        = "force-destroy-pragmatic-terraform"
>  3:   force_destroy = true
>  4: }
> ```

# 第7章 ネットワーク

本章ではまず、パブリックネットワークとプライベートネットワークを作成し、その後マルチAZ化します。あわせて、AWSのファイアウォールについても学びます。

## 7.1 パブリックネットワーク

パブリックネットワークは、インターネットからアクセス可能なネットワークです。このネットワークに作成されるリソースは、パブリックIPアドレスを持ちます。

### 7.1.1 VPC（Virtual Private Cloud）

**VPC (Virtual Private Cloud)** は、他のネットワークから論理的に切り離されている仮想ネットワークです。EC2などのリソースはVPCに配置します。VPCはリスト7.1のように定義します。

リスト7.1: VPCの定義

```
1: resource "aws_vpc" "example" {
2:   cidr_block           = "10.0.0.0/16"
3:   enable_dns_support   = true
4:   enable_dns_hostnames = true
5:
6:   tags = {
7:     Name = "example"
8:   }
9: }
```

**CIDRブロック**

VPCのIPv4アドレスの範囲をCIDR形式（xx.xx.xx.xx/xx）で、`cidr_block`に指定します。これはあとから変更できません。そのため、VPCピアリング[1]なども考慮して、最初にきちんと設計する必要があります。

**名前解決**

`enable_dns_support`を`true`にして、AWSのDNSサーバーによる名前解決を有効にします。あわせて、VPC内のリソースにパブリックDNSホスト名を自動的に割り当てるため、`enable_dns_hostnames`を`true`にします。

---

1.https://docs.aws.amazon.com/ja_jp/vpc/latest/peering/what-is-vpc-peering.html

## タグ

　AWSでは多くのリソースにタグを指定できます。タグはメタ情報を付与するだけで、リソースの動作には影響しません。リスト7.1ではNameタグを定義しています。

　VPCのように、いくつかのリソースではNameタグがないと、AWSマネジメントコンソールで見たときに用途が分かりづらくなります（図7.1）。そのため、タグが設定できるリソースは、Nameタグを入れておきましょう[2]。

図7.1: NameタグがないVPC

### 7.1.2　パブリックサブネット

　VPCをさらに分割し、サブネットを作成します。まずはインターネットからアクセス可能なパブリックサブネットを、リスト7.2のように定義します。

リスト7.2: パブリックサブネットの定義

```
1: resource "aws_subnet" "public" {
2:   vpc_id                  = aws_vpc.example.id
3:   cidr_block              = "10.0.0.0/24"
4:   map_public_ip_on_launch = true
5:   availability_zone       = "ap-northeast-1a"
6: }
```

#### CIDRブロック

　サブネットは任意の単位で分割できます。特にこだわりがなければ、VPCでは「/16」単位、サブネットでは「/24」単位にすると分かりやすいです。

#### パブリックIPアドレスの割り当て

　`map_public_ip_on_launch`をtrueに設定すると、そのサブネットで起動したインスタンスにパブリックIPアドレスを自動的に割り当ててくれます。便利なので、パブリックネットワークではtrueにしておきます。

#### アベイラビリティゾーン

　`availability_zone`に、サブネットを作成するアベイラビリティゾーンを指定します。アベイラビリティゾーンをまたがったサブネットは作成できません。

---

2. 本書では紙面の都合から、VPC以外にはタグを設定しません。

> **アベイラビリティゾーン**
>
> 　第3章でAWSには複数のリージョンがあることを紹介しました。AWSではさらに、リージョン内も複数のロケーションに分割されています。これを「アベイラビリティゾーン（AZ）」と呼びます。
> 　そして、複数のアベイラビリティゾーンで構成されたネットワークを「マルチAZ」と呼びます。システムをマルチAZ化すると、可用性を向上できます。

## 7.1.3　インターネットゲートウェイ

　VPCは隔離されたネットワークであり、単体ではインターネットと接続できません。そこで、インターネットゲートウェイを作成し、VPCとインターネットの間で通信ができるようにします。インターネットゲートウェイはリスト7.3のように、VPCのIDを指定するだけです。

リスト7.3: インターネットゲートウェイの定義
```
1: resource "aws_internet_gateway" "example" {
2:   vpc_id = aws_vpc.example.id
3: }
```

## 7.1.4　ルートテーブル

　インターネットゲートウェイだけでは、まだインターネットと通信できません。ネットワークにデータを流すため、ルーティング情報を管理するルートテーブルが必要です。

### ルートテーブル

　ルートテーブルの定義はリスト7.4のように、VPCのIDを指定するだけです。

リスト7.4: ルートテーブルの定義
```
1: resource "aws_route_table" "public" {
2:   vpc_id = aws_vpc.example.id
3: }
```

　ルートテーブルは少し特殊な仕様があるので注意が必要です。ルートテーブルでは、VPC内の通信を有効にするため、ローカルルートが自動的に作成されます（図7.2）。

図7.2: ルートテーブルをAWSマネジメントコンソールで確認

| Destination | Target | Status | Propagated |
|---|---|---|---|
| 10.0.0.0/16 | local | active | No |
| 0.0.0.0/0 | igw-02109b3f38b9982ab | active | |

自動作成されたローカルルート

VPC内はこのローカルルートによりルーティングされます。ローカルルートは変更や削除ができず、Terraformからも制御できません。

### ルート

ルートは、ルートテーブルの1レコードに該当します。リスト7.5はVPC以外への通信を、インターネットゲートウェイ経由でインターネットへデータを流すために、**デフォルトルート**（0.0.0.0/0）をdestination_cidr_blockに指定します。

リスト7.5: ルートの定義
```
1: resource "aws_route" "public" {
2:   route_table_id         = aws_route_table.public.id
3:   gateway_id             = aws_internet_gateway.example.id
4:   destination_cidr_block = "0.0.0.0/0"
5: }
```

### ルートテーブルの関連付け

どのルートテーブルを使ってルーティングするかは、サブネット単位で判断します。そこでルートテーブルとサブネットを、リスト7.6のように関連付けます。

リスト7.6: ルートテーブルの関連付け
```
1: resource "aws_route_table_association" "public" {
2:   subnet_id      = aws_subnet.public.id
3:   route_table_id = aws_route_table.public.id
4: }
```

なお、関連付けを忘れた場合、デフォルトルートテーブルが自動的に使われます。詳細は「18.1 ネットワーク系デフォルトリソースの使用を避ける」で学びますが、デフォルトルートテーブルの利用はアンチパターンなので、関連付けを忘れないようにしましょう。

## 7.2 プライベートネットワーク

プライベートネットワークは、インターネットから隔離されたネットワークです。データベースサーバーのような、インターネットからアクセスしないリソースを配置します。

システムをセキュアにするため、パブリックネットワークには必要最小限のリソースのみ配置し、それ以外はプライベートネットワークに置くのが定石です。

### 7.2.1 プライベートサブネット

インターネットからアクセスできないプライベートサブネットを作成します。

### サブネット

プライベートサブネットはリスト 7.7 のように実装します。リスト 7.2 で作成したサブネットとは異なる CIDR ブロックを指定することに注意しましょう。また、パブリック IP アドレスは不要なので、`map_public_ip_on_launch` は `false` にします。

リスト 7.7: プライベートサブネットの定義

```
1: resource "aws_subnet" "private" {
2:   vpc_id                  = aws_vpc.example.id
3:   cidr_block              = "10.0.64.0/24"
4:   availability_zone       = "ap-northeast-1a"
5:   map_public_ip_on_launch = false
6: }
```

### ルートテーブルと関連付け

プライベートネットワーク用のルートテーブルをリスト 7.8 のように実装します。インターネットゲートウェイに対するルーティング定義はもちろん不要です。

リスト 7.8: プライベートルートテーブルと関連付けの定義

```
1: resource "aws_route_table" "private" {
2:   vpc_id = aws_vpc.example.id
3: }
4:
5: resource "aws_route_table_association" "private" {
6:   subnet_id      = aws_subnet.private.id
7:   route_table_id = aws_route_table.private.id
8: }
```

## 7.2.2 NAT ゲートウェイ

**NAT (Network Address Translation)** サーバーを導入すると、プライベートネットワークからインターネットへアクセスできるようになります。自力でも構築できますが、AWS では NAT のマネージドサービスとして、NAT ゲートウェイが提供されています。

### EIP

NAT ゲートウェイには **EIP (Elastic IP Address)** が必要です。EIP は静的なパブリック IP アドレスを付与するサービスです。AWS では、インスタンスを起動するたびに異なる IP アドレスが動的に割り当てられます。しかし EIP を使うと、パブリック IP アドレスを固定できます。EIP はリスト 7.9 のように定義します。

リスト 7.9: EIP の定義

```
1: resource "aws_eip" "nat_gateway" {
2:   vpc        = true
3:   depends_on = [aws_internet_gateway.example]
4: }
```

**NATゲートウェイ**

NATゲートウェイは、リスト7.10のように定義します。`allocation_id`には、リスト7.9で作成したEIPを指定します。また、NATゲートウェイを配置するパブリックサブネットを`subnet_id`に指定します。指定するのは、プライベートサブネットではないので間違えないようにしましょう。

リスト 7.10: NATゲートウェイの定義

```
1: resource "aws_nat_gateway" "example" {
2:   allocation_id = aws_eip.nat_gateway.id
3:   subnet_id     = aws_subnet.public.id
4:   depends_on    = [aws_internet_gateway.example]
5: }
```

**ルート**

プライベートネットワークからインターネットへ通信するために、ルートを定義します。リスト7.11のように、プライベートサブネットのルートテーブルに追加します。デフォルトルートを`destination_cidr_block`に指定し、NATゲートウェイにルーティングするよう設定します。

リスト 7.11: プライベートのルートの定義

```
1: resource "aws_route" "private" {
2:   route_table_id         = aws_route_table.private.id
3:   nat_gateway_id         = aws_nat_gateway.example.id
4:   destination_cidr_block = "0.0.0.0/0"
5: }
```

3行目に注目しましょう。リスト7.5では「`gateway_id`」を設定していましたが、リスト7.11では「`nat_gateway_id`」を設定しています。ここは間違えやすいポイントで、applyするまでエラーにならないので気をつけましょう。

### 7.2.3 暗黙的な依存関係

実はEIPやNATゲートウェイは、暗黙的にインターネットゲートウェイに依存しています。そこでリスト7.9とリスト7.10では「`depends_on`」を定義しました。

depends_onを使って依存を明示すると、インターネットゲートウェイ作成後に、EIPやNATゲートウェイを作成するよう保証できます。この暗黙的な依存関係は、予期せぬ場所でときどき顔を出

しますが、多くの場合、Terraformのドキュメントに記載されています。はじめて使うリソースの場合は、一度ドキュメントを確認しましょう。

## 7.3 マルチAZ

ネットワークをマルチAZ化するために、複数のアベイラビリティゾーンにサブネットを作成します。あわせてサブネットに関連するリソースも、それぞれ作成します。

### 7.3.1 パブリックネットワークのマルチAZ化

まずは、パブリックネットワークをマルチAZ化します。

#### サブネット

サブネットをふたつ作成するため、リスト7.2をリスト7.12のように変更します。

リスト7.12: パブリックサブネットのマルチAZ化

```
1: resource "aws_subnet" "public_0" {
2:   vpc_id                  = aws_vpc.example.id
3:   cidr_block              = "10.0.1.0/24"
4:   availability_zone       = "ap-northeast-1a"
5:   map_public_ip_on_launch = true
6: }
7:
8: resource "aws_subnet" "public_1" {
9:   vpc_id                  = aws_vpc.example.id
10:  cidr_block              = "10.0.2.0/24"
11:  availability_zone       = "ap-northeast-1c"
12:  map_public_ip_on_launch = true
13: }
```

4行目と11行目に注目すると、「ap-northeast-1a」と「ap-northeast-1c」という異なるアベイラビリティゾーンを設定しています。これだけで、サブネットがマルチAZ化されます。なお各サブネットは、CIDRブロックが重複してはいけません。

#### ルートテーブルの関連付け

リスト7.6をリスト7.13のように変更し、それぞれのサブネットにルートテーブルを関連付けます。

リスト7.13: パブリックサブネットとルートテーブルの関連付けをマルチAZ化
```
1: resource "aws_route_table_association" "public_0" {
2:   subnet_id      = aws_subnet.public_0.id
3:   route_table_id = aws_route_table.public.id
4: }
5:
6: resource "aws_route_table_association" "public_1" {
7:   subnet_id      = aws_subnet.public_1.id
8:   route_table_id = aws_route_table.public.id
9: }
```

### 7.3.2 プライベートネットワークのマルチAZ化

プライベートネットワークのマルチAZ化のポイントは、NATゲートウェイの冗長化です。そのため、パブリックネットワークと比較すると、変更すべきリソースが多いです。

#### サブネット

パブリックネットワークと同様、リスト7.7をリスト7.14のように変更します。

リスト7.14: プライベートサブネットのマルチAZ化
```
 1: resource "aws_subnet" "private_0" {
 2:   vpc_id                  = aws_vpc.example.id
 3:   cidr_block              = "10.0.65.0/24"
 4:   availability_zone       = "ap-northeast-1a"
 5:   map_public_ip_on_launch = false
 6: }
 7:
 8: resource "aws_subnet" "private_1" {
 9:   vpc_id                  = aws_vpc.example.id
10:   cidr_block              = "10.0.66.0/24"
11:   availability_zone       = "ap-northeast-1c"
12:   map_public_ip_on_launch = false
13: }
```

#### NATゲートウェイ

NATゲートウェイを単体で運用した場合、NATゲートウェイが属するアベイラビリティゾーンに障害が発生すると、もう片方のアベイラビリティゾーンでも通信ができなくなります。そこで、リスト7.15のように、NATゲートウェイをアベイラビリティゾーンごとに作成します。

リスト7.15: NATゲートウェイのマルチAZ化

```
 1: resource "aws_eip" "nat_gateway_0" {
 2:   vpc        = true
 3:   depends_on = [aws_internet_gateway.example]
 4: }
 5:
 6: resource "aws_eip" "nat_gateway_1" {
 7:   vpc        = true
 8:   depends_on = [aws_internet_gateway.example]
 9: }
10:
11: resource "aws_nat_gateway" "nat_gateway_0" {
12:   allocation_id = aws_eip.nat_gateway_0.id
13:   subnet_id     = aws_subnet.public_0.id
14:   depends_on    = [aws_internet_gateway.example]
15: }
16:
17: resource "aws_nat_gateway" "nat_gateway_1" {
18:   allocation_id = aws_eip.nat_gateway_1.id
19:   subnet_id     = aws_subnet.public_1.id
20:   depends_on    = [aws_internet_gateway.example]
21: }
```

## ルートテーブル

デフォルトルートはひとつのルートテーブルにつき、ひとつしか定義できません。そこでリスト7.16のように、ルートテーブルもアベイラビリティゾーンごとに作成します。

リスト7.16: プライベートサブネットのルートテーブルのマルチAZ化

```
 1: resource "aws_route_table" "private_0" {
 2:   vpc_id = aws_vpc.example.id
 3: }
 4:
 5: resource "aws_route_table" "private_1" {
 6:   vpc_id = aws_vpc.example.id
 7: }
 8:
 9: resource "aws_route" "private_0" {
10:   route_table_id         = aws_route_table.private_0.id
11:   nat_gateway_id         = aws_nat_gateway.nat_gateway_0.id
12:   destination_cidr_block = "0.0.0.0/0"
13: }
```

```
14:
15: resource "aws_route" "private_1" {
16:   route_table_id         = aws_route_table.private_1.id
17:   nat_gateway_id         = aws_nat_gateway.nat_gateway_1.id
18:   destination_cidr_block = "0.0.0.0/0"
19: }
20:
21: resource "aws_route_table_association" "private_0" {
22:   subnet_id      = aws_subnet.private_0.id
23:   route_table_id = aws_route_table.private_0.id
24: }
25:
26: resource "aws_route_table_association" "private_1" {
27:   subnet_id      = aws_subnet.private_1.id
28:   route_table_id = aws_route_table.private_1.id
29: }
```

## 7.4 ファイアウォール

　AWSのファイアウォールには、サブネットレベルで動作する「ネットワークACL」とインスタンスレベルで動作する「セキュリティグループ」があります。

　本書では、頻繁に作成することになるセキュリティグループについて学びます。

### 7.4.1 セキュリティグループ

　セキュリティグループを使うと、OSへ到達する前にネットワークレベルでパケットをフィルタリングできます。EC2やRDSなど、さまざまなリソースに設定可能です。

**セキュリティグループ**

　リスト3.6では、セキュリティグループルールもaws_security_groupリソースで定義しましたが、独立したリソースとして定義することもできます。ここでは、別々に実装してみましょう。まずは、セキュリティグループ本体をリスト7.17のように定義します。

リスト7.17: セキュリティグループの定義

```
1: resource "aws_security_group" "example" {
2:   name   = "example"
3:   vpc_id = aws_vpc.example.id
4: }
```

### セキュリティグループルール（インバウンド）

次に、セキュリティグループルールです。typeが「ingress」の場合、インバウンドルールになります。リスト7.18では、HTTPで通信できるよう80番ポートを許可します。

リスト7.18: セキュリティグループルール（インバウンド）の定義

```
1: resource "aws_security_group_rule" "ingress_example" {
2:   type              = "ingress"
3:   from_port         = "80"
4:   to_port           = "80"
5:   protocol          = "tcp"
6:   cidr_blocks       = ["0.0.0.0/0"]
7:   security_group_id = aws_security_group.example.id
8: }
```

### セキュリティグループルール（アウトバウンド）

typeが「egress」の場合、アウトバウンドルールになります。リスト7.19では、すべての通信を許可する設定をしています。

リスト7.19: セキュリティグループルール（アウトバウンド）の定義

```
1: resource "aws_security_group_rule" "egress_example" {
2:   type              = "egress"
3:   from_port         = 0
4:   to_port           = 0
5:   protocol          = "-1"
6:   cidr_blocks       = ["0.0.0.0/0"]
7:   security_group_id = aws_security_group.example.id
8: }
```

### 7.4.2 セキュリティグループのモジュール化

IAMロール同様、セキュリティグループも頻繁に登場するため、モジュール化します。security_groupディレクトリを作成して、security_groupモジュールを実装します。

## セキュリティグループモジュール定義

security_groupモジュールはリスト7.20のように実装します。入力パラメータは次の4つです。

- **name**：セキュリティグループの名前
- **vpc_id**：VPCのID
- **port**：通信を許可するポート番号
- **cidr_blocks**：通信を許可するCIDRブロック

リスト7.20: セキュリティグループモジュールの定義

```
 1: variable "name" {}
 2: variable "vpc_id" {}
 3: variable "port" {}
 4: variable "cidr_blocks" {
 5:   type = list(string)
 6: }
 7:
 8: resource "aws_security_group" "default" {
 9:   name   = var.name
10:   vpc_id = var.vpc_id
11: }
12:
13: resource "aws_security_group_rule" "ingress" {
14:   type              = "ingress"
15:   from_port         = var.port
16:   to_port           = var.port
17:   protocol          = "tcp"
18:   cidr_blocks       = var.cidr_blocks
19:   security_group_id = aws_security_group.default.id
20: }
21:
22: resource "aws_security_group_rule" "egress" {
23:   type              = "egress"
24:   from_port         = 0
25:   to_port           = 0
26:   protocol          = "-1"
27:   cidr_blocks       = ["0.0.0.0/0"]
28:   security_group_id = aws_security_group.default.id
29: }
30:
31: output "security_group_id" {
32:   value = aws_security_group.default.id
33: }
```

5行目について補足します。Terraformでは変数の型が定義されていない場合、any型と認識します。any型は特殊で、あらゆる型の値を扱えます。一方、5行目では明示的にlist(string)型を指定し、それ以外の型の値を渡すとエラーで落ちるようにしています。

**セキュリティグループモジュールの利用**

security_groupモジュールはリスト7.21のように利用します。以降のセキュリティグループの実装では、このモジュールを使用します。

リスト7.21: セキュリティグループモジュールの利用

```
1: module "example_sg" {
2:   source      = "./security_group"
3:   name        = "module-sg"
4:   vpc_id      = aws_vpc.example.id
5:   port        = 80
6:   cidr_blocks = ["0.0.0.0/0"]
7: }
```

# 第8章　ロードバランサーとDNS

本章ではALB (Application Load Balancer) を学びます。あわせてRoute 53とACM (AWS Certificate Manager) を使い、HTTPSでアクセスできるよう設定します。

## 8.1　ALBの構成要素

ALBはAWSが提供するロードバランサーです。ALBはクロスゾーン負荷分散に標準で対応しており、複数のアベイラビリティゾーンのバックエンドサーバーに、リクエストを振り分けられます。HTTPSの終端やECS Fargateとの連携もサポートされています。ALBは図8.1のように、複数のリソースで構成されます。

図8.1: ALBの構成要素

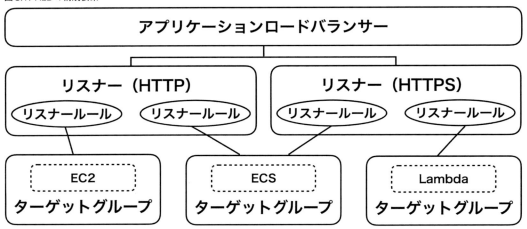

リスナーに定義したポートでリクエストを受け付け、パスなどの一定のルールに基づき、ロードバランサーの背後にいるターゲットへリクエストを転送します。本書では最終的に、ALBで受け取ったリクエストは、第9章で学ぶECSへ振り分けます。

## 8.2　HTTP用ロードバランサー

まずはHTTPアクセス可能なALBを作成します。なお、ALBを配置するネットワークは第7章のものを使用します。以降の章でも、注記することなくこのリソースを使います。

### 8.2.1　アプリケーションロードバランサー

最初にアプリケーションロードバランサーを、リスト8.1のように定義します。

リスト8.1: アプリケーションロードバランサーの定義

```
 1: resource "aws_lb" "example" {
 2:   name                       = "example"
 3:   load_balancer_type         = "application"
 4:   internal                   = false
 5:   idle_timeout               = 60
 6:   enable_deletion_protection = true
 7:
 8:   subnets = [
 9:     aws_subnet.public_0.id,
10:     aws_subnet.public_1.id,
11:   ]
12:
13:   access_logs {
14:     bucket  = aws_s3_bucket.alb_log.id
15:     enabled = true
16:   }
17:
18:   security_groups = [
19:     module.http_sg.security_group_id,
20:     module.https_sg.security_group_id,
21:     module.http_redirect_sg.security_group_id,
22:   ]
23: }
24:
25: output "alb_dns_name" {
26:   value = aws_lb.example.dns_name
27: }
```

### 名前と種別

名前は`name`で設定します。また、種別を`load_balancer_type`で設定します。`aws_lb`リソースはALBだけでなく、**NLB (Network Load Balancer)** も作成できます。「application」を指定するとALB、「network」を指定するとNLBになります。

### Internal

ALBが「インターネット向け」なのか「VPC内部向け」なのかを指定します。インターネット向けの場合は、`internal`を`false`にします。

### タイムアウト

`idle_timeout`は秒単位で指定します。タイムアウトのデフォルト値は60秒です。

第8章 ロードバランサーとDNS | 63

**削除保護**

enable_deletion_protectionをtrueにすると、削除保護が有効になります。本番環境では誤って削除しないよう、有効にしておきましょう。

**サブネット**

ALBが所属するサブネットをsubnetsで指定します。異なるアベイラビリティゾーンのサブネットを指定して、クロスゾーン負荷分散を実現します。

**アクセスログ**

access_logsにバケット名を指定すると、アクセスログの保存が有効になります。ここでは、第6章のリスト6.4で作成したS3バケットを指定します。

**セキュリティグループ**

セキュリティグループをリスト8.2のように定義します。HTTPの80番ポートとHTTPSの443番ポートに加えて、「8.5.2 HTTPのリダイレクト」で使用する8080番ポートも許可します。そして、リスト8.1のsecurity_groupsに、これらのセキュリティグループを設定します。

リスト8.2: アプリケーションロードバランサーのセキュリティグループの定義

```
 1: module "http_sg" {
 2:   source      = "./security_group"
 3:   name        = "http-sg"
 4:   vpc_id      = aws_vpc.example.id
 5:   port        = 80
 6:   cidr_blocks = ["0.0.0.0/0"]
 7: }
 8:
 9: module "https_sg" {
10:   source      = "./security_group"
11:   name        = "https-sg"
12:   vpc_id      = aws_vpc.example.id
13:   port        = 443
14:   cidr_blocks = ["0.0.0.0/0"]
15: }
16:
17: module "http_redirect_sg" {
18:   source      = "./security_group"
19:   name        = "http-redirect-sg"
20:   vpc_id      = aws_vpc.example.id
21:   port        = 8080
22:   cidr_blocks = ["0.0.0.0/0"]
23: }
```

## 8.2.2　リスナー

リスナーで、どのポートのリクエストを受け付けるか設定します。リスナーはALBに複数アタッチできます。リスナーはリスト8.3のように定義します。

リスト8.3: HTTPリスナーの定義

```
 1: resource "aws_lb_listener" "http" {
 2:   load_balancer_arn = aws_lb.example.arn
 3:   port              = "80"
 4:   protocol          = "HTTP"
 5:
 6:   default_action {
 7:     type = "fixed-response"
 8:
 9:     fixed_response {
10:       content_type = "text/plain"
11:       message_body = "これは『HTTP』です"
12:       status_code  = "200"
13:     }
14:   }
15: }
```

### ポート番号

portには1～65535の値が設定できます。ここではHTTPなので「80」を指定します。

### プロトコル

ALBは「HTTP」と「HTTPS」のみサポートしており、protocolで指定します。

### デフォルトアクション

リスナーは複数のルールを設定して、異なるアクションを実行できます。もし、いずれのルールにも合致しない場合は、default_actionが実行されます。定義できるアクションにはいくつかありますが、本書では3つ紹介します。

- **forward**：リクエストを別のターゲットグループに転送
- **fixed-response**：固定のHTTPレスポンスを応答
- **redirect**：別のURLにリダイレクト

リスト8.3では固定のHTTPレスポンスを設定しています。

## 8.2.3　HTTPアクセス

リスト8.1からリスト8.3をapplyします。

```
$ terraform apply

alb_dns_name = example-1183613948.ap-northeast-1.elb.amazonaws.com
```

出力されたalb_dns_nameに、HTTPでアクセスしましょう。

```
$ curl http://example-1183613948.ap-northeast-1.elb.amazonaws.com
これは『HTTP』です
```

リスト8.3の11行目で定義した文字列が表示されれば成功です。

## 8.3 Route 53

Route 53は、AWSが提供する**DNS (Domain Name System)** のサービスです。

### 8.3.1 ドメインの登録

AWSマネジメントコンソールから次の手続きを行うと、ドメインの登録ができます[1]。
1．ドメイン名の入力
2．連絡先情報の入力
3．登録メールアドレスの有効性検証

なおドメインの登録は、Terraformでは実行できません。

### 8.3.2 ホストゾーン

ホストゾーンはDNSレコードを束ねるリソースです。Route 53でドメインを登録した場合は、自動的に作成されます。同時にNSレコードとSOAレコードも作成されます。本書では、Route 53で「example.com」を登録した前提で説明します。

#### ホストゾーンの参照

自動作成されたホストゾーンは、リスト8.4のように参照します。

リスト8.4: ホストゾーンのデータソース定義
```
1: data "aws_route53_zone" "example" {
2:   name = "example.com"
3: }
```

#### ホストゾーンの作成

新規にホストゾーンを作成するには、リスト8.5のように定義します。

---

1.https://docs.aws.amazon.com/ja_jp/Route53/latest/DeveloperGuide/domain-register.html

リスト8.5: ホストゾーンのリソース定義

```
1: resource "aws_route53_zone" "test_example" {
2:   name = "test.example.com"
3: }
```

### 8.3.3 DNSレコード

それでは、DNSレコードをリスト8.6のように定義します。これで、設定したドメインでALBへとアクセスできるようになります。

リスト8.6: ALBのDNSレコードの定義

```
 1: resource "aws_route53_record" "example" {
 2:   zone_id = data.aws_route53_zone.example.zone_id
 3:   name    = data.aws_route53_zone.example.name
 4:   type    = "A"
 5:
 6:   alias {
 7:     name                   = aws_lb.example.dns_name
 8:     zone_id                = aws_lb.example.zone_id
 9:     evaluate_target_health = true
10:   }
11: }
12:
13: output "domain_name" {
14:   value = aws_route53_record.example.name
15: }
```

#### DNSレコードタイプ

DNSレコードタイプはtypeに設定します。AレコードやCNAMEレコードなど、一般的なレコードタイプが指定可能です。AWS独自拡張のALIASレコードを使用する場合は、Aレコードをあらわす「A」を指定します。

#### ALIASレコード

ALIASレコードは、AWSでのみ使用可能なDNSレコードです。DNSからみると、単なるAレコードという扱いになります。ALIASレコードは、AWSの各種サービスと統合されており、ALBだけでなくS3バケットやCloudFrontも指定できます。

CNAMEレコードは「ドメイン名→CNAMEレコードのドメイン名→IPアドレス」という流れで名前解決を行います。一方、ALIASレコードは「ドメイン名→IPアドレス」という流れで名前解決が行われ、パフォーマンスが向上します。aliasにALBのDNS名とゾーンIDを指定すると、ALBのIPアドレスへ名前解決できるようになります。

### 8.3.4 独自ドメインへのアクセス

リスト8.1からリスト8.6をapplyします。

```
$ terraform apply

alb_dns_name = example-1183613948.ap-northeast-1.elb.amazonaws.com
domain_name = example.com
```

出力されたdomain_nameに、HTTPでアクセスしましょう。

```
$ curl http://example.com
これは『HTTP』です
```

「8.2.3 HTTPアクセス」と同様に表示されれば成功です。

## 8.4 ACM（AWS Certificate Manager）

次に、HTTPS化するために必要なSSL証明書を、**ACM (AWS Certificate Manager)** で作成します。ACMは煩雑なSSL証明書の管理を担ってくれるマネージドサービスで、ドメイン検証をサポートしています。SSL証明書の自動更新ができるため「証明書の更新忘れた！」という幾度となく人類が繰り返してきた悲劇から解放されます。

### 8.4.1 SSL証明書の作成

SSL証明書は、リスト8.7のように定義します。

リスト8.7: SSL証明書の定義

```
1: resource "aws_acm_certificate" "example" {
2:   domain_name               = aws_route53_record.example.name
3:   subject_alternative_names = []
4:   validation_method         = "DNS"
5:
6:   lifecycle {
7:     create_before_destroy = true
8:   }
9: }
```

**ドメイン名**

ドメイン名はdomain_nameで設定します。なお、「*.example.com」のように指定すると、ワイルドカード証明書を発行できます。

### ドメイン名の追加

ドメイン名を追加したい場合、subject_alternative_namesを設定します。たとえば["test.example.com"]と指定すると、「example.com」と「test.example.com」のSSL証明書を作成します。追加しない場合は、空リストを渡します。

### 検証方法

ドメインの所有権の検証方法を、validation_methodで設定します。DNS検証かEメール検証を選択できます。SSL証明書を自動更新したい場合、DNS検証を選択します。

### ライフサイクル

lifecycle定義で「新しいSSL証明書を作ってから、古いSSL証明書と差し替える」という挙動に変更し、SSL証明書の再作成時のサービス影響を最小化します。

ライフサイクルはTerraform独自の機能で、すべてのリソースに設定可能です。通常のリソースの再作成は「リソースの削除をしてから、リソースを作成する」という挙動になります。しかし、create_before_destroyをtrueにすると、「リソースを作成してから、リソースを削除する」という逆の挙動に変更できます。

#### 8.4.2　SSL証明書の検証

DNSによる、SSL証明書の検証もTerraformで実装できます。

### 検証用DNSレコード

DNS検証用のDNSレコードを追加します。リスト8.8のように、設定する値の大半はaws_acm_certificateリソースから参照します。なお、リスト8.7でsubject_alternative_namesにドメインを追加した場合、そのドメイン用のDNSレコードも必要になるので注意しましょう。

リスト8.8: SSL証明書の検証用レコードの定義

```
1: resource "aws_route53_record" "example_certificate" {
2:   name    = aws_acm_certificate.example.domain_validation_options[0].resource_record_name
3:   type    = aws_acm_certificate.example.domain_validation_options[0].resource_record_type
4:   records = [aws_acm_certificate.example.domain_validation_options[0].resource_record_value]
5:   zone_id = data.aws_route53_zone.example.id
6:   ttl     = 60
7: }
```

### 検証の待機

aws_acm_certificate_validationリソースは特殊で、リスト8.9のように定義すると、apply時

にSSL証明書の検証が完了するまで待ってくれます。実際になにかのリソースを作るわけではありません。

リスト8.9: SSL証明書の検証完了まで待機

```
1: resource "aws_acm_certificate_validation" "example" {
2:   certificate_arn         = aws_acm_certificate.example.arn
3:   validation_record_fqdns = [aws_route53_record.example_certificate.fqdn]
4: }
```

## 8.5 HTTPS用ロードバランサー

SSL証明書を発行したので、HTTPSでALBにアクセスできるようHTTPSリスナーを作成します。

### 8.5.1 HTTPSリスナー

HTTPSリスナーは、リスト8.10のように定義します。

リスト8.10: HTTPSリスナーの定義

```
 1: resource "aws_lb_listener" "https" {
 2:   load_balancer_arn = aws_lb.example.arn
 3:   port              = "443"
 4:   protocol          = "HTTPS"
 5:   certificate_arn   = aws_acm_certificate.example.arn
 6:   ssl_policy        = "ELBSecurityPolicy-2016-08"
 7:
 8:   default_action {
 9:     type = "fixed-response"
10:
11:     fixed_response {
12:       content_type = "text/plain"
13:       message_body = "これは『HTTPS』です"
14:       status_code  = "200"
15:     }
16:   }
17: }
```

**ポート番号とプロトコル**

portとprotocolに、それぞれ「443」と「HTTPS」を指定します。

**SSL証明書**

リスト8.7で作成したSSL証明書を、certificate_arnに指定します。

**セキュリティポリシー**

ssl_policyに「ELBSecurityPolicy-2016-08」を指定します。AWSでは、このセキュリティポリシーの利用が推奨されています[2]。

### 8.5.2　HTTPのリダイレクト

HTTPをHTTPSへリダイレクトするために、リダイレクトリスナーを作成します。リスト8.11のように、default_actionでredirectの設定をするだけです。

リスト8.11: HTTPからHTTPSにリダイレクトするリスナーの定義

```
1  resource "aws_lb_listener" "redirect_http_to_https" {
2    load_balancer_arn = aws_lb.example.arn
3    port              = "8080"
4    protocol          = "HTTP"
5  
6    default_action {
7      type = "redirect"
8  
9      redirect {
10       port        = "443"
11       protocol    = "HTTPS"
12       status_code = "HTTP_301"
13     }
14   }
15 }
```

### 8.5.3　HTTPSアクセス

リスト8.1からリスト8.11をapplyして、HTTPSでアクセスしましょう。リスト8.10の13行目で定義した文字列が表示されれば成功です。

```
$ curl https://example.com
これは『HTTPS』です
```

次に、HTTPからHTTPSへのリダイレクトを確認します。ポート番号はリスト8.11で設定した8080番です。オプションなしでcurlを実行すると、301で返ってきます。

---

[2].https://docs.aws.amazon.com/ja_jp/elasticloadbalancing/latest/application/create-https-listener.html

```
$ curl http://example.com:8080
<html>
<head><title>301 Moved Permanently</title></head>
<body bgcolor="white">
<center><h1>301 Moved Permanently</h1></center>
</body>
</html>
```

今度はcurlに-Lオプションをつけて実行します。

```
$ curl -L http://example.com:8080
これは『HTTPS』です
```

すると、正しくHTTPSへリダイレクトしていることを確認できます。

## 8.6 リクエストフォワーディング

最後に任意のターゲットへ、リクエストをフォワードできるようにします。

### 8.6.1 ターゲットグループ

ALBがリクエストをフォワードする対象を「ターゲットグループ」と呼び、リスト8.12のように定義します。このターゲットグループは、第9章のECSサービスと関連付けます。

リスト8.12: ターゲットグループの定義

```
 1: resource "aws_lb_target_group" "example" {
 2:   name                 = "example"
 3:   target_type          = "ip"
 4:   vpc_id               = aws_vpc.example.id
 5:   port                 = 80
 6:   protocol             = "HTTP"
 7:   deregistration_delay = 300
 8:
 9:   health_check {
10:     path                = "/"
11:     healthy_threshold   = 5
12:     unhealthy_threshold = 2
13:     timeout             = 5
14:     interval            = 30
15:     matcher             = 200
16:     port                = "traffic-port"
17:     protocol            = "HTTP"
```

```
18:    }
19:
20:    depends_on = [aws_lb.example]
21: }
```

### ターゲットタイプ

ターゲットの種類を`target_type`で設定します。EC2インスタンスやIPアドレス、Lambda関数などが指定できます。ECS Fargateでは「ip」を指定します。

### ルーティング先

ターゲットグループに`ip`を指定した場合はさらに、`vpc_id`・`port`・`protocol`を設定します。多くの場合、HTTPSの終端はALBで行うため、`protocol`には「HTTP」を指定することが多いです。

### 登録解除の待機時間

ターゲットの登録を解除する前に、ALBが待機する時間を`deregistration_delay`で設定します。秒単位で指定し、デフォルト値は300秒です。

### ヘルスチェック

`health_check`で設定する項目は、次のとおりです。

- **path**：ヘルスチェックで使用するパス
- **healthy_threshold**：正常判定を行うまでのヘルスチェック実行回数
- **unhealthy_threshold**：異常判定を行うまでのヘルスチェック実行回数
- **timeout**：ヘルスチェックのタイムアウト時間（秒）
- **interval**：ヘルスチェックの実行間隔（秒）
- **matcher**：正常判定を行うために使用するHTTPステータスコード
- **port**：ヘルスチェックで使用するポート
- **protocol**：ヘルスチェック時に使用するプロトコル

なお、`health_check`の`port`を16行目のように「traffic-port」と指定した場合、5行目で指定したポート番号が使われます。

### 暗黙的な依存関係

リスト8.1のアプリケーションロードバランサーとターゲットグループを、第9章で登場するECSサービスと同時に作成するとエラーになります。そこで、20行目の`depends_on`で依存関係を制御するワークアラウンドを追加し、エラーを回避します。

## 8.6.2 リスナールール

ターゲットグループにリクエストをフォワードするリスナールールを作成します。リスナールールはリスト8.13のように定義します。

リスト8.13: リスナールールの定義

```
 1: resource "aws_lb_listener_rule" "example" {
 2:   listener_arn = aws_lb_listener.https.arn
 3:   priority     = 100
 4:
 5:   action {
 6:     type             = "forward"
 7:     target_group_arn = aws_lb_target_group.example.arn
 8:   }
 9:
10:   condition {
11:     field  = "path-pattern"
12:     values = ["/*"]
13:   }
14: }
```

**優先順位**

リスナールールは複数定義でき、優先順位をpriorityで設定します。数字が小さいほど、優先順位が高いです。なお、デフォルトルールはもっとも優先順位が低いです。

**アクション**

actionで、フォワード先のターゲットグループを設定します。

**条件**

conditionには、「/img/*」のようなパスベースや「example.com」のようなホストベースなどで、条件を指定できます。「/*」はすべてのパスでマッチします。

> **ALBの削除**
>
> リスト8.1で作成したALBを削除する場合、destroyコマンドを実行する前に、削除保護を無効にします。そのためには、enable_deletion_protectionをfalseにして一度applyしましょう。するとALBが削除できるようになります。

# 第9章 コンテナオーケストレーション

本章ではコンテナオーケストレーションサービスのECS (Elastic Container Service) について学びます。AWSではEKS (Elastic Kubernetes Service) も有名ですが、ECSはシンプルで敷居が低いため、本書ではECSを採用します。

## 9.1 ECSの構成要素

ECSは複数のコンポーネントを組み合わせて実装します（図9.1）。ホストサーバーを束ねる「ECSクラスタ」、コンテナの実行単位となる「タスク」、タスクを長期稼働させてALBとのつなぎ役にもなる「ECSサービス」などです。

図9.1: ECSの構成要素

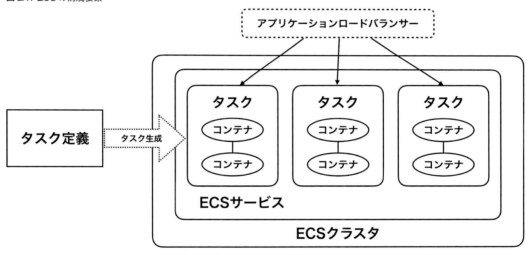

## 9.2 ECSの起動タイプ

ECSには「EC2起動タイプ」と「Fargate起動タイプ」が存在します。

### 9.2.1 EC2起動タイプ

EC2起動タイプでは、ホストサーバーへSSHログインしてデバッグしたり、Spot Fleetを併用してコスト削減を図ることが可能です。その半面、ホストサーバーの管理が必要なため、運用はやや煩雑です。

### 9.2.2 Fargate起動タイプ

Fargate起動タイプは、ホストサーバーの管理が不要で運用は楽です。その反面、SSHログインはできないため、デバッグの難易度は上がります。本書では、運用が楽なFargate起動タイプで実装します。

## 9.3 Webサーバーの構築

ここでは、ECSをプライベートネットワークに配置し、nginxコンテナを起動します。ALB経由でリクエストを受け取り、それをECS上のnginxコンテナが処理します。

### 9.3.1 ECSクラスタ

ECSクラスタは、Dockerコンテナを実行するホストサーバーを、論理的に束ねるリソースです。リスト9.1のように、クラスタ名を指定するだけです。

リスト9.1: ECSクラスタの定義

```
1: resource "aws_ecs_cluster" "example" {
2:   name = "example"
3: }
```

### 9.3.2 タスク定義

コンテナの実行単位を「**タスク**」と呼びます。たとえば、Railsアプリケーションの前段にnginxを配置する場合、ひとつのタスクの中でRailsコンテナとnginxコンテナが実行されます。

そして、タスクは「**タスク定義**」から生成されます。タスク定義では、コンテナ実行時の設定を記述します。オブジェクト指向言語でたとえると、タスク定義はクラスで、タスクはインスタンスです。タスク定義はリスト9.2のように実装します。

リスト9.2: タスク定義

```
1: resource "aws_ecs_task_definition" "example" {
2:   family                   = "example"
3:   cpu                      = "256"
4:   memory                   = "512"
5:   network_mode             = "awsvpc"
6:   requires_compatibilities = ["FARGATE"]
7:   container_definitions    = file("./container_definitions.json")
8: }
```

## ファミリー

ファミリーとはタスク定義名のプレフィックスで、familyに設定します。ファミリーにリビジョン番号を付与したものがタスク定義名になります。リスト9.2の場合、最初は「**example:1**」です。リビジョン番号は、タスク定義更新時にインクリメントされます。

## タスクサイズ

cpuとmemoryで、タスクが使用するリソースのサイズを設定します。cpuはCPUユニットの整数表現（例：1024）か、vCPUの文字列表現（例：1 vCPU）で設定します。memoryはMiBの整数表現（例：1024）か、GBの文字列表現（例：1 GB）で設定します。

なお、設定できる値の組み合わせは決まっています。たとえばcpuに256を指定する場合、memoryで指定できる値は512・1024・2048のいずれかです。

## ネットワークモード

Fargate起動タイプの場合は、network_modeに「awsvpc」を指定します。

## 起動タイプ

requires_compatibilitiesに「Fargate」を指定します。

## コンテナ定義

「container_definitions.json」ファイルにタスクで実行するコンテナを定義しましょう。これはコンテナ定義と呼ばれ、リスト9.3のように実装します。

リスト9.3: コンテナ定義

```
 1: [
 2:   {
 3:     "name": "example",
 4:     "image": "nginx:latest",
 5:     "essential": true,
 6:     "portMappings": [
 7:       {
 8:         "protocol": "tcp",
 9:         "containerPort": 80
10:       }
11:     ]
12:   }
13: ]
```

パラメータの意味は次のとおりです。他にも多様なパラメータが設定できます[1]。

- **name**：コンテナの名前

---

[1].https://docs.aws.amazon.com/ja_jp/AmazonECS/latest/developerguide/task_definition_parameters.html

- **image**：使用するコンテナイメージ
- **essential**：タスク実行に必須かどうかのフラグ
- **portMappings**：マッピングするコンテナのポート番号

### 9.3.3　ECSサービス

　通常、コンテナを起動しても、処理が完了したらすぐに終了します。もちろん、Webサービスでそれは困るため、「**ECSサービス**」を使います。

　ECSサービスはリスト9.4のように実装します。ECSサービスは起動するタスクの数を定義でき、指定した数のタスクを維持します。なんらかの理由でタスクが終了してしまった場合、自動的に新しいタスクを起動してくれる優れものです。

　また、ECSサービスはALBとの橋渡し役にもなります。インターネットからのリクエストはALBで受け、そのリクエストをコンテナにフォワードします。

リスト9.4: ECSサービスの定義

```
 1: resource "aws_ecs_service" "example" {
 2:   name                              = "example"
 3:   cluster                           = aws_ecs_cluster.example.arn
 4:   task_definition                   = aws_ecs_task_definition.example.arn
 5:   desired_count                     = 2
 6:   launch_type                       = "FARGATE"
 7:   platform_version                  = "1.3.0"
 8:   health_check_grace_period_seconds = 60
 9:
10:   network_configuration {
11:     assign_public_ip = false
12:     security_groups  = [module.nginx_sg.security_group_id]
13:
14:     subnets = [
15:       aws_subnet.private_0.id,
16:       aws_subnet.private_1.id,
17:     ]
18:   }
19:
20:   load_balancer {
21:     target_group_arn = aws_lb_target_group.example.arn
22:     container_name   = "example"
23:     container_port   = 80
24:   }
25:
26:   lifecycle {
```

```
27:     ignore_changes = [task_definition]
28:   }
29: }
30:
31: module "nginx_sg" {
32:   source      = "./security_group"
33:   name        = "nginx-sg"
34:   vpc_id      = aws_vpc.example.id
35:   port        = 80
36:   cidr_blocks = [aws_vpc.example.cidr_block]
37: }
```

### ECSクラスタとタスク定義

clusterには、リスト9.1で作成したECSクラスタを設定します。task_definitionには、リスト9.2で作成したタスク定義を設定します。

### 維持するタスク数

ECSサービスが維持するタスク数はdesired_countで指定します。指定した数が1の場合、コンテナが異常終了すると、ECSサービスがタスクを再起動するまでアクセスできなくなります。そこで本番環境では2以上を指定しましょう。

### 起動タイプ

launch_typeには「FARGATE」を指定します。

### プラットフォームバージョン

platform_versionのデフォルトは「LATEST」です。しかし、LATESTはその名前に反して、最新のバージョンでない場合があります。ちょっと意味が分からないかもしれませんが、これはAWSの公式ドキュメント[2]にも記載されている仕様です。よって、バージョンは明示的に指定し、LATESTの使用は避けましょう。

### ヘルスチェック猶予期間

health_check_grace_period_secondsに、タスク起動時のヘルスチェック猶予期間を設定します。秒単位で指定し、デフォルトは0秒です。タスクの起動に時間がかかる場合、十分な猶予期間を設定しておかないとヘルスチェックに引っかかり、タスクの起動と終了が無限に続いてしまいます。そのため、0以上の値にしましょう。

### ネットワーク構成

network_configurationには、サブネットとセキュリティグループを設定します。あわせて、パ

---

[2].https://docs.aws.amazon.com/ja_jp/AmazonECS/latest/developerguide/platform_versions.html

ブリックIPアドレスを割り当てるか設定します。リスト9.4では、プライベートネットワークで起動するため、パブリックIPアドレスの割り当ては不要です。

**ロードバランサー**

　`load_balancer`でターゲットグループとコンテナの名前・ポート番号を指定し、ロードバランサーと関連付けます。コンテナ定義（リスト9.3）との関係は次のようになります。

- `container_name` = コンテナ定義の`name`
- `container_port` = コンテナ定義の`portMappings.containerPort`

　なお、コンテナ定義に複数のコンテナがある場合は、最初にロードバランサーからリクエストを受け取るコンテナの値を指定します。

**ライフサイクル**

　Fargateの場合、デプロイのたびにタスク定義が更新され、plan時に差分が出ます。よって、Terraformではタスク定義の変更を無視すべきです。

　そこで、27行目のように`ignore_changes`を設定します。`ignore_changes`に指定したパラメータは、リソースの初回作成時を除き、変更を無視するようになります。

### 9.3.4　コンテナの動作確認

　リスト9.1からリスト9.4をapplyします。そして、第8章で作成したALBにブラウザーからアクセスします。すると、図9.2のようにnginxのデフォルトが表示されます。

図9.2: nginxコンテナの確認

# Welcome to nginx!

If you see this page, the nginx web server is successfully installed and working. Further configuration is required.

For online documentation and support please refer to nginx.org. Commercial support is available at nginx.com.

*Thank you for using nginx.*

　これでALBを経由して、ECSにデプロイしたnginxコンテナがリクエストを処理していることを確認できました。

## 9.4　Fargateにおけるロギング

　Fargateではホストサーバーにログインできず、コンテナのログを直接確認できません。そこで、CloudWatch Logsと連携し、ログを記録できるようにしましょう。

## 9.4.1 CloudWatch Logs

CloudWatch Logsはあらゆるログを収集できるマネージドサービスです。AWSの各種サービスと統合されており、ECSもそのひとつです。CloudWatch Logsはリスト9.5のように定義します。retention_in_daysで、ログの保持期間を指定します。

リスト9.5: CloudWatch Logs の定義
```
1: resource "aws_cloudwatch_log_group" "for_ecs" {
2:   name              = "/ecs/example"
3:   retention_in_days = 180
4: }
```

## 9.4.2 ECSタスク実行IAMロール

ECSに権限を付与するため、ECSタスク実行IAMロールを作成します。

### IAMポリシーデータソース

「**AmazonECSTaskExecutionRolePolicy**」はAWSが管理しているポリシーです。ECSタスク実行IAMロールでの使用が想定されており、CloudWatch Logsや第14章で学ぶECRの操作権限を持っています。リスト9.6のように、aws_iam_policyデータソースを使って参照できます。

リスト9.6: AmazonECSTaskExecutionRolePolicy の参照
```
1: data "aws_iam_policy" "ecs_task_execution_role_policy" {
2:   arn = "arn:aws:iam::aws:policy/service-role/AmazonECSTaskExecutionRolePolicy"
3: }
```

### ポリシードキュメント

ポリシードキュメントをリスト9.7のように定義します。

リスト9.7: ECSタスク実行IAMロールのポリシードキュメントの定義
```
1: data "aws_iam_policy_document" "ecs_task_execution" {
2:   source_json = data.aws_iam_policy.ecs_task_execution_role_policy.policy
3:
4:   statement {
5:     effect    = "Allow"
6:     actions   = ["ssm:GetParameters", "kms:Decrypt"]
7:     resources = ["*"]
8:   }
9: }
```

aws_iam_policy_documentデータソースでは、「**source_json**」を使うと既存のポリシーを継承できます。ここではAmazonECSTaskExecutionRolePolicyを継承し、「12.2.3 SSMパラメータストアとECSの統合」で必要な権限を先行して追加します。

### IAMロール

リスト5.7のiam_roleモジュールを利用して、リスト9.8のようにIAMロールを作成します。identifierには「ecs-tasks.amazonaws.com」を指定し、このIAMロールをECSで使うことを宣言します。

リスト9.8: ECSタスク実行IAMロールの定義

```
1: module "ecs_task_execution_role" {
2:   source     = "./iam_role"
3:   name       = "ecs-task-execution"
4:   identifier = "ecs-tasks.amazonaws.com"
5:   policy     = data.aws_iam_policy_document.ecs_task_execution.json
6: }
```

### 9.4.3　Dockerコンテナのロギング

それでは、DockerコンテナがCloudWatch Logsにログを投げられるようにします。リスト9.2にexecution_role_arnを追加し、リスト9.9のように変更します。

リスト9.9: タスク定義にECSタスク実行IAMロールを追加

```
1: resource "aws_ecs_task_definition" "example" {
2:   family                   = "example"
3:   cpu                      = "256"
4:   memory                   = "512"
5:   network_mode             = "awsvpc"
6:   requires_compatibilities = ["FARGATE"]
7:   container_definitions    = file("./container_definitions.json")
8:   execution_role_arn       = module.ecs_task_execution_role.iam_role_arn
9: }
```

リスト9.3のコンテナ定義を、リスト9.10のように変更します。6〜13行目のlogConfigurationの部分が追加した記述です。重要なのは、awslogs-groupで、ここにリスト9.5で作成した、CloudWatch Logsのグループ名を設定します。

正しく設定されていれば、ヘルスチェックのログがCloudWatch Logsに飛びます。なお、CloudWatch Logsへのログの記録には多少タイムラグが発生します。そのため、すぐにログが出力されない場合は数分待ちます。

リスト9.10: コンテナ定義にCloudWatch Logsのグループ名を追加

```
 1: [
 2:   {
 3:     "name": "example",
 4:     "image": "nginx:latest",
 5:     "essential": true,
 6:     "logConfiguration": {
 7:       "logDriver": "awslogs",
 8:       "options": {
 9:         "awslogs-region": "ap-northeast-1",
10:         "awslogs-stream-prefix": "nginx",
11:         "awslogs-group": "/ecs/example"
12:       }
13:     },
14:     "portMappings": [
15:       {
16:         "protocol": "tcp",
17:         "containerPort": 80
18:       }
19:     ]
20:   }
21: ]
```

`filter-log-events`コマンドで、ログを確認してみましょう。

```
$ aws logs filter-log-events --log-group-name /ecs/example
{
  "searchedLogStreams": [
    {
      "searchedCompletely": true,
      "logStreamName": "nginx/example/3a8c7d81-bb13-481e-93cf-6692d5166403"
    }
  ],
  "events": [
    {
      "ingestionTime": 1560693777143,
      "timestamp": 1560693775876,
      "message": "10.0.1.229 - - [16/Jun/2019:14:02:55 +0000] \"
GET / HTTP/1.1\" 200 612 \"-\" \"ELB-HealthChecker/2.0\" \"-\"",
      "eventId": "34804634228743335479665328323961612668257180835080699905",
      "logStreamName": "nginx/example/3a8c7d81-bb13-481e-93cf-6692d5166403"
    }
  ]
}
```

# 第10章　バッチ

　本章のテーマはバッチです。最初にバッチ設計の基本原則について触れ、それをふまえてECS Scheduled Tasksでバッチを実装します。

## 10.1　バッチ設計

　バッチ処理は、オンライン処理とは異なる関心事を有しています。アプリケーションレベルでどこまで制御し、ジョブ管理システムでどこまでサポートするかはしっかり設計する必要があります。

### 10.1.1　バッチ設計の基本原則

　バッチ設計で重要な観点は「ジョブ管理」「エラーハンドリング」「リトライ」「依存関係制御」の4つです。

#### ジョブ管理

　「10.1.2 ジョブ管理」ではジョブの起動タイミングを制御します。

#### エラーハンドリング

　エラーハンドリングでは「**エラー通知**」が重要です。なんらかの理由でバッチが失敗した場合、それを検知してリカバリーする必要があります。

　また、エラー発生時の「**ロギング**」も重要です。スタックトレースなどの情報は、原因調査で必要になるため、確実にログ出力します。

#### リトライ

　バッチ処理が失敗した場合、リトライできなければなりません。自動で指定回数リトライできることが望ましいです。少なくとも、手動ではリトライできる必要があります。

　リトライできるようにするには、**リトライできるようアプリケーションを設計する**必要があります。当たり前のことを書いてますが、手抜きされやすいポイントです。

#### 依存関係制御

　ジョブが増えてくると、依存関係制御が必要になります。「ジョブAは必ずジョブBのあとに実行しなければならない」などはよくあります。単純に時間をずらして、暗黙的な依存関係制御を行う場合もありますが、アンチパターンなので避けましょう。

### 10.1.2　ジョブ管理

　バッチは一定の周期で実行されますが、誰かがジョブの起動タイミングを制御しなければなりま

せん。それがジョブ管理です。ジョブ管理は、バッチ処理では重要な関心事です。ジョブ管理の仕組みに問題が発生すると、最悪の場合、全ジョブが停止します。

### cron

ジョブ管理の実装で、もっとも簡単なのは「cron」です。しかし、cronは手軽な反面、きちんと管理するのが難しいです。影響範囲の不明な謎のcronが発掘されるなど日常茶飯事です。また、cronで管理されるバッチは大抵、エラーハンドリングやリトライも適当です。依存関係制御もできず、cronを動かすサーバーの運用にも手間がかかります。

### ジョブ管理システム

システムが成長するとcronはすぐに限界がきます。そこで多くの場合、RundeckやJP1などの**「ジョブ管理システム」**を導入します。ジョブ管理システムはエラー通知やリトライ、依存関係制御の仕組みが組み込まれており、複雑なジョブの管理ができます。ただし、ジョブ管理システムを稼働させるサーバーの運用は、課題として残ります。

## 10.2 ECS Scheduled Tasks

「10.1 バッチ設計」で述べたようなジョブ管理システムのマネージドサービスはありません[1]。つまり、システムが大きくなるとジョブ管理システムの導入は避けられません。

しかし、ある程度の規模までであれば**「ECS Scheduled Tasks」**を使うことで、ジョブ管理システムの導入を先送りできます。ECS Scheduled Tasksは、ECSのタスクを定期実行します。実装は単純で、CloudWatchイベントからタスクを起動するだけです。

ECS Scheduled Tasks単体では、エラーハンドリングやリトライはアプリケーションレベルで実装する必要があり、依存関係制御もできません。しかし、ジョブ管理サーバーを運用する必要がなく、cronよりもはるかにメンテナンス性が向上します。

### 10.2.1 バッチ用タスク定義

バッチ用のタスク定義からはじめましょう。

#### バッチ用CloudWatch Logs

バッチ用CloudWatch Logsをリスト10.1のように定義します。複数のバッチで使いまわすこともできますが、バッチごとに作成したほうが運用は楽です。

リスト10.1: バッチ用CloudWatch Logsの定義

```
1: resource "aws_cloudwatch_log_group" "for_ecs_scheduled_tasks" {
2:   name              = "/ecs-scheduled-tasks/example"
3:   retention_in_days = 180
4: }
```

---
1. 2019年8月時点での話です。

### バッチ用タスク定義

次に、バッチ用のタスク定義をリスト10.2のように実装します。コードはリスト9.9とほぼ同じで、差分は7行目のコンテナ定義の部分です。

リスト10.2: バッチ用タスク定義

```
1: resource "aws_ecs_task_definition" "example_batch" {
2:   family                   = "example-batch"
3:   cpu                      = "256"
4:   memory                   = "512"
5:   network_mode             = "awsvpc"
6:   requires_compatibilities = ["FARGATE"]
7:   container_definitions    = file("./batch_container_definitions.json")
8:   execution_role_arn       = module.ecs_task_execution_role.iam_role_arn
9: }
```

### バッチ用コンテナ定義

コンテナ定義を「batch_container_definitions.json」というファイルに、リスト10.3のように実装します。時を刻むステキなバッチです。

リスト10.3: バッチ用コンテナ定義

```
 1: [
 2:   {
 3:     "name": "alpine",
 4:     "image": "alpine:latest",
 5:     "essential": true,
 6:     "logConfiguration": {
 7:       "logDriver": "awslogs",
 8:       "options": {
 9:         "awslogs-region": "ap-northeast-1",
10:         "awslogs-stream-prefix": "batch",
11:         "awslogs-group": "/ecs-scheduled-tasks/example"
12:       }
13:     },
14:     "command" : ["/bin/date"]
15:   }
16: ]
```

#### 10.2.2　CloudWatchイベントIAMロール

リスト10.4のように、CloudWatchイベントからECSを起動するためのIAMロールを作成します。AWSが管理している「**AmazonEC2ContainerServiceEventsRole**」ポリシーを使うと簡単で

す。このポリシーでは「タスクを実行する」権限と「タスクにIAMロールを渡す」権限を付与します。

リスト10.4: CloudWatchイベントIAMロールの定義

```
 1: module "ecs_events_role" {
 2:   source     = "./iam_role"
 3:   name       = "ecs-events"
 4:   identifier = "events.amazonaws.com"
 5:   policy     = data.aws_iam_policy.ecs_events_role_policy.policy
 6: }
 7:
 8: data "aws_iam_policy" "ecs_events_role_policy" {
 9:   arn = "arn:aws:iam::aws:policy/service-role/AmazonEC2ContainerServiceEventsRole"
10: }
```

### 10.2.3　CloudWatchイベントルール

ジョブの実行スケジュールを定義するため、CloudWatchイベントルールを作成します。リスト10.5のように実装します。

リスト10.5: CloudWatchイベントルールの定義

```
 1: resource "aws_cloudwatch_event_rule" "example_batch" {
 2:   name                = "example-batch"
 3:   description         = "とても重要なバッチ処理です"
 4:   schedule_expression = "cron(*/2 * * * ? *)"
 5: }
```

**概要**

descriptionでは日本語も使えます。AWSマネジメントコンソールでの一覧性が向上するため、ひと目で理解できる内容にしましょう（図10.1）。

図10.1: タスクのスケジューリング一覧

第10章　バッチ　87

## スケジュール

schedule_expression は、cron 式と rate 式をサポートしています[2]。

- **cron式**：「cron(0 8 * * ? *)」のように記述します。東京リージョンの場合でも、タイムゾーンは **UTC** になります。また、設定の最小精度は1分です。
- **rate式**：「rate(5 minutes)」のように記述します。単位は『1の場合は単数形、それ以外は複数形』で書きます。つまり、「rate(1 hours)」や「rate(5 hour)」のように書くことはできないので注意しましょう。

### 10.2.4　CloudWatchイベントターゲット

リスト10.6のようにCloudWatchイベントターゲットで、実行対象のジョブを定義します。ECS Scheduled Tasksの場合は、タスク定義をターゲットに設定します。

リスト10.6: CloudWatch イベントターゲットの定義

```
 1: resource "aws_cloudwatch_event_target" "example_batch" {
 2:   target_id = "example-batch"
 3:   rule      = aws_cloudwatch_event_rule.example_batch.name
 4:   role_arn  = module.ecs_events_role.iam_role_arn
 5:   arn       = aws_ecs_cluster.example.arn
 6:
 7:   ecs_target {
 8:     launch_type         = "FARGATE"
 9:     task_count          = 1
10:     platform_version    = "1.3.0"
11:     task_definition_arn = aws_ecs_task_definition.example_batch.arn
12:
13:     network_configuration {
14:       assign_public_ip = "false"
15:       subnets          = [aws_subnet.private_0.id]
16:     }
17:   }
18: }
```

## ルール

rule にリスト10.5で作成したCloudWatchイベントルールを設定します。これで定期的に、CloudWatchイベントターゲットが実行されます。

## IAMロール

role_arn にリスト10.4で作成したCloudWatchイベントIAMロールを設定します。

---

[2] https://docs.aws.amazon.com/ja_jp/AmazonCloudWatch/latest/events/ScheduledEvents.html

**ターゲット**

ターゲットをarnで設定します。ECS Scheduled TasksではECSクラスタを指定します。さらにecs_targetで、タスクの実行時の設定を行います。ecs_targetには、ロードバランサーやヘルスチェックの設定はありませんが、それ以外はリスト9.4で実装したECSサービスとほぼ同じです。

### 10.2.5 バッチの動作確認

filter-log-eventsコマンドを使って動作を確認します。

```
$ aws logs filter-log-events --log-group-name /ecs-scheduled-tasks/example
{
  "searchedLogStreams": [
    {
      "searchedCompletely": true,
      "logStreamName": "batch/alpine/bb6bb474-cff5-4df8-aeb3-8d9d4bc28e9b"
    }
  ],
  "events": [
    {
      "ingestionTime": 1564451709450,
      "timestamp": 1564451709363,
      "message": "Tue Jul 30 01:55:09 UTC 2019",
      "eventId": "34888438945909948171568425601659189413208027495293190144",
      "logStreamName": "batch/alpine/bb6bb474-cff5-4df8-aeb3-8d9d4bc28e9b"
    }
  ]
}
```

正しく設定されていれば、2分ごとにdateコマンドの出力結果が表示されます。

# 第11章　鍵管理

セキュリティ向上のため、ストレージやデータベースのディスク暗号化は必須です。暗号化のためには暗号鍵が必要ですが、一般的に暗号鍵の管理は煩雑です。そこでAWSでは、暗号鍵を簡単かつ安全に管理するソリューションとして**KMS (Key Management Service)** が提供されています。本章では、このKMSについて学びます。

## 11.1　KMS（Key Management Service）

KMSは暗号鍵を管理するマネージドサービスです。KMSでもっとも重要なリソースはカスタマーマスターキーです。

KMSは暗号化戦略として、エンベロープ暗号化が採用されています。データの暗号化と復号では、カスタマーマスターキーを直接使いません。そのかわりに、カスタマーマスターキーが自動生成したデータキーを使用して、暗号化と復号を行います[1]。

KMSはAWSの各種サービスと統合されており、暗号化戦略を意識せずに使えます。単純にカスタマーマスターキーを指定すれば、自動的にデータの暗号化と復号を行うことができます。

### 11.1.1　カスタマーマスターキー

カスタマーマスターキーは、リスト11.1のように定義します。

リスト11.1: カスタマーマスターキーの定義

```
1: resource "aws_kms_key" "example" {
2:   description             = "Example Customer Master Key"
3:   enable_key_rotation     = true
4:   is_enabled              = true
5:   deletion_window_in_days = 30
6: }
```

**概要**

descriptionには、なんの用途で使っているかを記述します。

**自動ローテーション**

enable_key_rotationで自動ローテーション機能を有効にできます。ローテーション頻度は年に一度です。ローテーション後も、復号に必要な古い暗号化マテリアルは保存されます。

---

1.https://docs.aws.amazon.com/ja_jp/kms/latest/developerguide/concepts.html

そのため、ローテーション前に暗号化したデータの復号が引き続き可能です。

### 有効化と無効化

is_enabledをfalseにすると、カスタマーマスターキーを無効化できます。無効化後にあらためて有効化することもできます。

### 削除待機期間

deletion_window_in_daysで、カスタマーマスターキーの削除待機期間を設定します。7〜30日の範囲で指定可能で、デフォルトは30日です。待機期間中であれば、いつでも削除を取り消せます。

なお、**カスタマーマスターキーの削除は推奨されません**。削除したカスタマーマスターキーで暗号化したデータは、いかなる手段でも復号できなくなります。そのため、通常は無効化を選択すべきです。

## 11.1.2 エイリアス

カスタマーマスターキーにはそれぞれUUIDが割り当てられますが、人間には分かりづらいです。そこでエイリアスを設定し、どういう用途で使われているか識別しやすくします。エイリアスはリスト11.2のように定義します。

リスト11.2: エイリアスの定義

```
1: resource "aws_kms_alias" "example" {
2:   name          = "alias/example"
3:   target_key_id = aws_kms_key.example.key_id
4: }
```

なお、エイリアスで設定する名前には「**alias/**」というプレフィックスが必要です。やや分かりづらい制約なので、注意しましょう。

# 第12章　設定管理

　データベース接続情報などの設定は環境によって異なります。本章では、環境ごとに異なる設定をどのように管理し、どうやって環境ごとに設定を切り替えるかを学びます。

## 12.1　コンテナの設定管理

　ECSのようなコンテナ環境では、設定をコンテナ起動時に注入します。実行環境ごとに異なる設定には、次のようなものがあります。

・データベースのホスト名・ユーザー名・パスワード
・TwitterやFacebookなどの外部サービスのクレデンシャル
・管理者あてのメールアドレス

　なお、Railsのルーティング設定やSpringのDI設定のような、実行環境ごとに変化しない設定はアプリケーションコードと一緒に管理します。

## 12.2　SSMパラメータストア

　SSMパラメータストアは、設定管理に特化したマネージドサービスです。設定は平文または暗号化したデータとして保存できます。

### 12.2.1　AWS CLIによる操作

　まずはAWS CLIによるSSMパラメータストアの操作に慣れましょう。

#### 平文

　SSMパラメータストアに値を保存するには、`put-parameter`コマンドを使います。平文で保存する場合は、`--type`オプションに「**String**」を指定します。

```
$ aws ssm put-parameter --name 'plain_name' --value 'plain value' --type String
```

　値を参照するには、`get-parameter`コマンドを使います。

```
$ aws ssm get-parameter --output text --name 'plain_name' \
  --query Parameter.Value
plain value
```

値を更新したい場合には初回保存時と同じく、put-parameterコマンドを使います。ただし、「--overwrite」オプションが必要です。

```
$ aws ssm put-parameter --name 'plain_name' --type String \
  --value 'modified value' --overwrite
```

### 暗号化

暗号化した値を保存する場合も、put-parameterコマンドを使います。平文と異なり、--typeオプションには「**SecureString**」を指定します。

```
$ aws ssm put-parameter --name 'encryption_name' \
  --value 'encryption value' --type SecureString
```

暗号化された値は、get-parameterコマンドに「--with-decryption」オプションを追加すると、値を復号した状態で参照できます。

```
$ aws ssm get-parameter --output text --query Parameter.Value \
  --name 'encryption_name' --with-decryption
encryption value
```

### 12.2.2 Terraformによるコード化

SSMパラメータストアはTerraformで管理することもできます。

#### 平文

/db/usernameのキー名で「root」という値を平文で保存しましょう。リスト12.1のように定義します。

リスト12.1: データベースのユーザー名の定義
```
1: resource "aws_ssm_parameter" "db_username" {
2:   name        = "/db/username"
3:   value       = "root"
4:   type        = "String"
5:   description = "データベースのユーザー名"
6: }
```

#### 暗号化

/db/raw_passwordのキー名で「VeryStrongPassword!」という値を暗号化して保存しましょう。リスト12.2のように定義します。

リスト12.2: データベースのパスワードの定義

```
1: resource "aws_ssm_parameter" "db_raw_password" {
2:   name        = "/db/raw_password"
3:   value       = "VeryStrongPassword!"
4:   type        = "SecureString"
5:   description = "データベースのパスワード"
6: }
```

しかし、この方法を採用すると、暗号化する値がソースコードに平文で書かれてしまいます。多くの場合、暗号化するような秘匿性の高い情報はバージョン管理対象外にすべきなので、このままでは使い物になりません。

### Terraformによる初期値の設定とAWS CLIによる暗号化

そこで「Terraformではダミー値を設定して、あとでAWS CLIから更新する」という戦略を採用します。たとえば、リスト12.3のようにTerraformで実装します。

リスト12.3: データベースのパスワードのダミー定義

```
 1: resource "aws_ssm_parameter" "db_password" {
 2:   name        = "/db/password"
 3:   value       = "uninitialized"
 4:   type        = "SecureString"
 5:   description = "データベースのパスワード"
 6:
 7:   lifecycle {
 8:     ignore_changes = [value]
 9:   }
10: }
```

このコードをapplyしたら、AWS CLIで更新します。

```
$ aws ssm put-parameter --name '/db/password' --type SecureString \
  --value 'ModifiedStrongPassword!' --overwrite
```

最終的に上書きするなら、コード管理は必要でしょうか。これは好みが出ます。コード化しておくと、設定の変更理由がコミットログから追跡しやすくなります。また、外部サービスのクレデンシャルの発行方法など、ロストしやすい情報をコメントとして残す場所としても最適です。運用がやや面倒ですが、意外と有用な戦略です。

### 12.2.3　SSMパラメータストアとECSの統合

　SSMパラメータストアの値を、ECSのDockerコンテナ内で環境変数として参照できます。平文の値と暗号化した値は透過的に扱うことができ、ECSで意識する必要はありません。ECSからSSMパラメータストアの値を参照する権限はリスト9.7で事前に付与してあります。ではリスト10.3のコンテナ定義を、リスト12.4のように変更しましょう。

リスト12.4: コンテナ定義からSSMパラメータストアの値を参照

```
 1: [
 2:   {
 3:     "name": "alpine",
 4:     "image": "alpine:latest",
 5:     "essential": true,
 6:     "logConfiguration": {
 7:       "logDriver": "awslogs",
 8:       "options": {
 9:         "awslogs-region": "ap-northeast-1",
10:         "awslogs-stream-prefix": "batch",
11:         "awslogs-group": "/ecs-scheduled-tasks/example"
12:       }
13:     },
14:     "secrets": [
15:       {
16:         "name": "DB_USERNAME",
17:         "valueFrom": "/db/username"
18:       },
19:       {
20:         "name": "DB_PASSWORD",
21:         "valueFrom": "/db/password"
22:       }
23:     ],
24:     "command" : ["/usr/bin/env"]
25:   }
26: ]
```

　変更点は14～24行目です。secretsのnameがコンテナ内での環境変数の名前で、valueFromがSSMパラメータストアのキー名です。これをapplyすると、24行目のenvコマンドにより、SSMパラメータストアの値がCloudWatch Logsに出力されます。

# 第13章 データストア

本章では、AWSが提供するリレーショナルデータベース「**RDS (Relational Database Service)**」と、インメモリデータストア「**ElastiCache**」について学びます。

## 13.1 RDS（Relational Database Service）

RDSはMySQLやPostgreSQL、Oracleなどをサポートします。クラウド向けリレーショナルデータベースのAuroraも人気です。本書ではMySQLを作成します。

### 13.1.1 DBパラメータグループ

MySQLの`my.cnf`ファイルに定義するようなデータベースの設定は、DBパラメータグループで記述します。リスト13.1のように実装します。

リスト13.1: DBパラメータグループの定義

```
 1: resource "aws_db_parameter_group" "example" {
 2:   name   = "example"
 3:   family = "mysql5.7"
 4:
 5:   parameter {
 6:     name  = "character_set_database"
 7:     value = "utf8mb4"
 8:   }
 9:
10:   parameter {
11:     name  = "character_set_server"
12:     value = "utf8mb4"
13:   }
14: }
```

**ファミリー**

`family`は「mysql5.7」のような、エンジン名とバージョンをあわせた値を設定します。

**パラメータ**

`parameter`に、設定のパラメータ名と値のペアを指定します。リスト13.1では文字コードを

「utf8mb4」に変更しています。MySQL自体の設定については、MySQLの公式ドキュメント[1]を参照しましょう。

### 13.1.2　DBオプショングループ

　DBオプショングループは、データベースエンジンにオプション機能を追加します。たとえば、リスト13.2では「MariaDB監査プラグイン」を追加しています。MariaDB監査プラグインは、ユーザーのログオンや実行したクエリなどの、アクティビティを記録するためのプラグインです。

リスト13.2: DBオプショングループの定義

```
1: resource "aws_db_option_group" "example" {
2:   name                 = "example"
3:   engine_name          = "mysql"
4:   major_engine_version = "5.7"
5:
6:   option {
7:     option_name = "MARIADB_AUDIT_PLUGIN"
8:   }
9: }
```

#### エンジン名とメジャーバージョン

　engine_nameには、「mysql」のようなエンジン名を設定します。また、「5.7」のようなメジャーバージョンをmajor_engine_versionに設定します。

#### オプション

　optionに追加対象のオプションを指定します。

### 13.1.3　DBサブネットグループ

　データベースを稼働させるサブネットを、DBサブネットグループで定義します。リスト13.3のように、プライベートサブネットを指定します。また、サブネットには異なるアベイラビリティゾーンのものを含めます。これは、「13.1.4 DBインスタンス」でマルチAZの設定をする際に必要です。

リスト13.3: DBサブネットグループの定義

```
1: resource "aws_db_subnet_group" "example" {
2:   name       = "example"
3:   subnet_ids = [aws_subnet.private_0.id, aws_subnet.private_1.id]
4: }
```

---

[1] https://dev.mysql.com/doc/refman/5.7/en/

### 13.1.4　DBインスタンス

DBインスタンスをリスト13.4のように実装し、データベースサーバーを作成します。

リスト13.4: DBインスタンスの定義

```
 1: resource "aws_db_instance" "example" {
 2:   identifier                = "example"
 3:   engine                    = "mysql"
 4:   engine_version            = "5.7.25"
 5:   instance_class            = "db.t3.small"
 6:   allocated_storage         = 20
 7:   max_allocated_storage     = 100
 8:   storage_type              = "gp2"
 9:   storage_encrypted         = true
10:   kms_key_id                = aws_kms_key.example.arn
11:   username                  = "admin"
12:   password                  = "VeryStrongPassword!"
13:   multi_az                  = true
14:   publicly_accessible       = false
15:   backup_window             = "09:10-09:40"
16:   backup_retention_period   = 30
17:   maintenance_window        = "mon:10:10-mon:10:40"
18:   auto_minor_version_upgrade = false
19:   deletion_protection       = true
20:   skip_final_snapshot       = false
21:   port                      = 3306
22:   apply_immediately         = false
23:   vpc_security_group_ids    = [module.mysql_sg.security_group_id]
24:   parameter_group_name      = aws_db_parameter_group.example.name
25:   option_group_name         = aws_db_option_group.example.name
26:   db_subnet_group_name      = aws_db_subnet_group.example.name
27:
28:   lifecycle {
29:     ignore_changes = [password]
30:   }
31: }
```

**識別子**

identifierに、データベースのエンドポイントで使う識別子を設定します。

### エンジン

`engine`には「mysql」のようなエンジン名を指定します。`engine_version`にはパッチバージョンまで含めた「5.7.25」のようなバージョンを設定します。

### インスタンスクラス

`instance_class`に指定したインスタンスクラスで、CPU・メモリ・ネットワーク帯域のサイズが決定します。さまざまな種類があるため[2]、要件にあわせて指定します。

### ストレージ

`allocated_storage`でストレージ容量を設定します。`storage_type`では、「汎用SSD」か「プロビジョンドIOPS」を設定します。「gp2」は汎用SSDを意味します。

`max_allocated_storage`を設定すると、指定した容量まで自動的にスケールします[3]。運用中の予期せぬストレージ枯渇を避けるため設定します。

### 暗号化

`kms_key_id`に使用するKMSの鍵を指定すると、ディスク暗号化が有効になります。なお、デフォルトAWS KMS暗号化鍵を使用すると、アカウントをまたいだスナップショットの共有ができなくなります[4]。レアケースですが、余計な問題を増やさないためにも、ディスク暗号化には自分で作成した鍵を使用したほうがよいでしょう。

### マスターユーザーとマスターパスワード

`username`と`password`で、マスターユーザーの名前とパスワードをそれぞれ設定します。なお「13.1.5 マスターパスワードの変更」で、設定したパスワードはすぐに変更します。

### ネットワーク

`multi_az`を`true`にすると、マルチAZが有効になります。もちろん、リスト13.3で異なるアベイラビリティゾーンのサブネットを指定しておくことが前提です。また、VPC外からのアクセスを遮断するために、`publicly_accessible`を`false`にします。

### バックアップ

RDSではバックアップが毎日行われます。`backup_window`でバックアップのタイミングを設定します。設定は**UTC**で行うことに注意しましょう。なお、メンテナンスウィンドウの前にバックアップウィンドウを設定しておくと安心感が増します。

またバックアップ期間は最大35日で、`backup_retention_period`に設定します。

---

[2] https://docs.aws.amazon.com/ja_jp/AmazonRDS/latest/UserGuide/Concepts.DBInstanceClass.html
[3] allocated_storage を「ignore_changes」に指定する必要はありません。max_allocated_storage 設定時は、自動的に差分を抑制するように、AWSプロバイダで実装されています。
[4] https://docs.aws.amazon.com/ja_jp/AmazonRDS/latest/UserGuide/USER_ShareSnapshot.html

### メンテナンス

RDSではメンテナンスが定期的に行われます。maintenance_windowでメンテナンスのタイミングを設定します。バックアップと同様に、**UTC**で設定します。

メンテナンスにはOSやデータベースエンジンの更新が含まれ、メンテナンス自体を無効化することはできません。ただし、auto_minor_version_upgradeをfalseにすると、自動マイナーバージョンアップは無効化できます。

### 削除保護

deletion_protectionをtrueにして、削除保護を有効にします。またインスタンス削除時のスナップショット作成のため、skip_final_snapshotをfalseにします。

### ポート番号

portでポート番号を設定します。MySQLのデフォルトポートは3306です。

### 設定変更タイミング

RDSの設定変更のタイミングには、「即時」と「メンテナンスウィンドウ」があります。RDSでは一部の設定変更に再起動が伴い、予期せぬダウンタイムが起こりえます。そこで、apply_immediatelyをfalseにして、即時反映を避けます。

### セキュリティグループ

リスト13.5のように、VPC内からの通信のみ許可します。そして、作成したセキュリティグループを、リスト13.4のvpc_security_group_idsに設定します。

リスト13.5: DBインスタンスのセキュリティグループの定義

```
1: module "mysql_sg" {
2:   source      = "./security_group"
3:   name        = "mysql-sg"
4:   vpc_id      = aws_vpc.example.id
5:   port        = 3306
6:   cidr_blocks = [aws_vpc.example.cidr_block]
7: }
```

## 13.1.5 マスターパスワードの変更

aws_db_instanceリソースのpasswordは必須項目で省略できません。しかも、**パスワードがtfstateファイルに、平文で書き込まれます。**

variableを使って、tfファイルへ平文で書くことを回避しても、tfstateファイルへの書き込みは回避できません。そこでリスト13.4の29行目のように、ignore_changesで「password」を指定してapplyしたあと、次のようにマスターパスワードを変更します。

```
$ aws rds modify-db-instance --db-instance-identifier 'example' \
  --master-user-password 'NewMasterPassword!'
```

> **RDSの削除**
>
> リスト13.4で作成したDBインスタンスを削除する場合、destroyコマンドを実行する前に下準備が必要です。まずはdeletion_protectionをfalseにして、削除保護を無効にします。次に、skip_final_snapshotをtrueにして、スナップショットの作成をスキップします。この状態で一度applyしましょう。すると、destroyコマンドでDBインスタンスを削除できるようになります。

## 13.2 ElastiCache

ElastiCacheはMemcachedとRedisをサポートしています。本書ではRedisを作成します。なお、Redisでは最初に、クラスタモードを有効にするかを決めます。ここではコストの低い「**クラスタモード無効**」を採用します。

### 13.2.1 ElastiCacheパラメータグループ

Redisの設定は、ElastiCacheパラメータグループで行います。たとえばリスト13.6では、「クラスタモードを無効にする」設定を定義しています。

リスト13.6: ElastiCacheパラメータグループの定義

```
1: resource "aws_elasticache_parameter_group" "example" {
2:   name   = "example"
3:   family = "redis5.0"
4:
5:   parameter {
6:     name  = "cluster-enabled"
7:     value = "no"
8:   }
9: }
```

### 13.2.2 ElastiCacheサブネットグループ

リスト13.7のように、ElastiCacheサブネットグループを定義します。RDSと同様に、プライベートサブネットを指定し、異なるアベイラビリティゾーンのものを含めます。これは、「13.2.3 ElastiCacheレプリケーショングループ」の自動フェイルオーバー設定で必要になります。

リスト 13.7: ElastiCache サブネットグループの定義

```
1: resource "aws_elasticache_subnet_group" "example" {
2:   name       = "example"
3:   subnet_ids = [aws_subnet.private_0.id, aws_subnet.private_1.id]
4: }
```

### 13.2.3　ElastiCache レプリケーショングループ

ElastiCache レプリケーショングループをリスト 13.8 のように実装し、Redis サーバーを作成します。

リスト 13.8: ElastiCache レプリケーショングループの定義

```
 1: resource "aws_elasticache_replication_group" "example" {
 2:   replication_group_id          = "example"
 3:   replication_group_description = "Cluster Disabled"
 4:   engine                        = "redis"
 5:   engine_version                = "5.0.4"
 6:   number_cache_clusters         = 3
 7:   node_type                     = "cache.m3.medium"
 8:   snapshot_window               = "09:10-10:10"
 9:   snapshot_retention_limit      = 7
10:   maintenance_window            = "mon:10:40-mon:11:40"
11:   automatic_failover_enabled    = true
12:   port                          = 6379
13:   apply_immediately             = false
14:   security_group_ids            = [module.redis_sg.security_group_id]
15:   parameter_group_name          = aws_elasticache_parameter_group.example.name
16:   subnet_group_name             = aws_elasticache_subnet_group.example.name
17: }
```

**識別子**

replication_group_id に、Redis のエンドポイントで使う識別子を設定します。

**概要**

replication_group_description に、Redis の概要を記述します。

**エンジン**

engine には「memcached」か「redis」を設定します。

また、engine_versionで使用するバージョン[5]を指定します。

## ノード

number_cache_clustersでノード数を指定します。ノード数はプライマリノードとレプリカノードの合計値です。たとえば「3」を指定した場合は、プライマリノードがひとつ、レプリカノードがふたつという意味になります。

また、node_typeでノードの種類を指定します。ノードの種類によってCPU・メモリ・ネットワーク帯域のサイズが異なります。さまざまな種類があるため[6]、要件にあわせて指定します。

## スナップショット

ElastiCacheでは、スナップショット作成が毎日行われます。snapshot_windowで作成タイミングを指定します。設定はUTCで行うことに注意しましょう。

また、スナップショット保持期間をsnapshot_retention_limitで設定できます。キャッシュとして利用する場合、長期保存は不要です。

## メンテナンス

ElastiCacheではメンテナンスが定期的に行われます。maintenance_windowでメンテナンスのタイミングを設定します。バックアップと同様に、UTCで設定します。

## 自動フェイルオーバー

automatic_failover_enabledをtrueにすると、自動フェイルオーバーが有効になります。なお、リスト13.7で、マルチAZ化していることが前提です。

## ポート番号

portでポート番号を設定します。Redisのデフォルトポートは6379です。

## 設定変更タイミング

apply_immediatelyで、ElastiCacheの設定変更のタイミングを制御します。RDSと同様に、設定変更のタイミングには「即時」と「メンテナンスウィンドウ」があります。予期せぬダウンタイムを避けるため、falseにして、メンテナンスウィンドウで設定変更を行うようにします。

## セキュリティグループ

リスト13.9のように、VPC内からの通信のみ許可します。そして、作成したセキュリティグループを、リスト13.8のsecurity_group_idsに設定します。

---

[5] https://docs.aws.amazon.com/ja_jp/AmazonElastiCache/latest/red-ug/supported-engine-versions.html
[6] https://docs.aws.amazon.com/ja_jp/AmazonElastiCache/latest/red-ug/CacheNodes.SupportedTypes.html

リスト13.9: ElastiCacheレプリケーショングループのセキュリティグループの定義

```
1: module "redis_sg" {
2:   source      = "./security_group"
3:   name        = "redis-sg"
4:   vpc_id      = aws_vpc.example.id
5:   port        = 6379
6:   cidr_blocks = [aws_vpc.example.cidr_block]
7: }
```

### スローapply問題

本章で登場したRDSやElastiCacheのapplyには時間がかかります。一度applyするだけで10分以上、場合によっては30分超えということもあります。

経験則上、低スペックなT2系、T3系のインスタンスタイプで作成しようとすると、apply時間が上振れしやすいです。Terraformで試行錯誤するときには、ケチケチせずにそれなりのインスタンスタイプを使用しましょう。時は金なりです。

# 第14章　デプロイメントパイプライン

継続的にシステムを変更するためには、デプロイの仕組みが欠かせません。本章ではCodePipelineを中心にデプロイメントパイプラインを構築し、ECSへデプロイする方法を学びます。

## 14.1　デプロイメントパイプラインの設計

前提として、アプリケーションコードはGitHubで管理します。GitHubにコードをプッシュして、ECSへコンテナをデプロイする流れは次のとおりです（図14.1）。

1．GitHubのWebhookで変更を検知
2．GitHubからソースコードを取得
3．Dockerイメージをビルドしてコンテナレジストリへプッシュ
4．コンテナレジストリからDockerイメージをプルしてECSへデプロイ

図14.1: デプロイメントパイプラインの構成

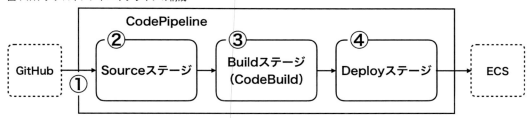

## 14.2　コンテナレジストリ

まずはDockerイメージを保管するコンテナレジストリを作成します。AWSでは **ECR (Elastic Container Registry)** というマネージドサービスが提供されているので、これを利用しましょう。

### 14.2.1　ECRリポジトリ

Dockerイメージを保管するECRリポジトリを、リスト14.1のように実装します。

リスト14.1: ECRリポジトリの定義

```
1: resource "aws_ecr_repository" "example" {
2:   name = "example"
3: }
```

## 14.2.2　ECRライフサイクルポリシー

　ECRリポジトリに保存できるイメージの数には限りがあります。そのため、イメージが増えすぎないようにします。たとえば、リスト14.2では「release」ではじまるイメージタグを30個までに制限しています。

　ライフサイクルポリシーではさまざまなポリシーが設定できます。詳細は、AWSの公式ドキュメント[1]を参照しましょう。

リスト14.2: ECRライフサイクルポリシーの定義

```
 1: resource "aws_ecr_lifecycle_policy" "example" {
 2:   repository = aws_ecr_repository.example.name
 3:
 4:   policy = <<EOF
 5:   {
 6:     "rules": [
 7:       {
 8:         "rulePriority": 1,
 9:         "description": "Keep last 30 release tagged images",
10:         "selection": {
11:           "tagStatus": "tagged",
12:           "tagPrefixList": ["release"],
13:           "countType": "imageCountMoreThan",
14:           "countNumber": 30
15:         },
16:         "action": {
17:           "type": "expire"
18:         }
19:       }
20:     ]
21:   }
22: EOF
23: }
```

---

1.https://docs.aws.amazon.com/ja_jp/AmazonECR/latest/userguide/lifecycle_policy_examples.html

### 14.2.3 Dockerイメージのプッシュ

Dockerイメージをプッシュするには、まずDockerクライアントを認証します。

```
$ $(aws ecr get-login --region $AWS_DEFAULT_REGION --no-include-email)
```

次に、イメージ名のレジストリをECRにして、適当なDockerfileをビルドします。

```
$ docker build -t XXXXXX.dkr.ecr.ap-northeast-1.amazonaws.com/example:latest .
```

あとは通常どおり、Dockerイメージをプッシュします。

```
$ docker push XXXXXX.dkr.ecr.ap-northeast-1.amazonaws.com/example:latest
```

## 14.3 継続的インテグレーション

AWSでは、継続的インテグレーション（CI）サービスとしてCodeBuildが提供されています。本書では「Dockerイメージのビルド」と「ECRへのプッシュ」をCodeBuildで行います。

### 14.3.1 CodeBuildサービスロール

CodeBuildが使用するIAMロールを作成します。

**ポリシードキュメント**

ポリシードキュメントをリスト14.3のように定義し、次のような権限を付与します。

- ビルド出力アーティファクトを保存するためのS3操作権限
- ビルドログを出力するためのCloudWatch Logs操作権限
- Dockerイメージをプッシュするための ECR操作権限

なお、ビルド出力アーティファクトとは、CodeBuildがビルド時に生成した成果物となるファイルのことです。

リスト14.3: CodeBuildサービスロールのポリシードキュメントの定義

```
1: data "aws_iam_policy_document" "codebuild" {
2:   statement {
3:     effect    = "Allow"
4:     resources = ["*"]
5: 
6:     actions = [
7:       "s3:PutObject",
8:       "s3:GetObject",
```

```
 9:         "s3:GetObjectVersion",
10:         "logs:CreateLogGroup",
11:         "logs:CreateLogStream",
12:         "logs:PutLogEvents",
13:         "ecr:GetAuthorizationToken",
14:         "ecr:BatchCheckLayerAvailability",
15:         "ecr:GetDownloadUrlForLayer",
16:         "ecr:GetRepositoryPolicy",
17:         "ecr:DescribeRepositories",
18:         "ecr:ListImages",
19:         "ecr:DescribeImages",
20:         "ecr:BatchGetImage",
21:         "ecr:InitiateLayerUpload",
22:         "ecr:UploadLayerPart",
23:         "ecr:CompleteLayerUpload",
24:         "ecr:PutImage",
25:     ]
26:   }
27: }
```

**IAMロール**

CodeBuild用のIAMロールを、リスト14.4のように実装します。identifierには「codebuild.amazonaws.com」を指定し、このIAMロールをCodeBuildで使うことを宣言します。

リスト14.4: CodeBuildサービスロールの定義

```
1: module "codebuild_role" {
2:   source     = "./iam_role"
3:   name       = "codebuild"
4:   identifier = "codebuild.amazonaws.com"
5:   policy     = data.aws_iam_policy_document.codebuild.json
6: }
```

### 14.3.2 CodeBuildプロジェクト

リスト14.5のように、CodeBuildプロジェクトを作成します。なお、このCodeBuildプロジェクトは「14.4.4 CodePipeline」から起動するよう、のちほど設定します。

リスト14.5: CodeBuildプロジェクトの定義

```
 1: resource "aws_codebuild_project" "example" {
 2:   name         = "example"
 3:   service_role = module.codebuild_role.iam_role_arn
 4:
 5:   source {
 6:     type = "CODEPIPELINE"
 7:   }
 8:
 9:   artifacts {
10:     type = "CODEPIPELINE"
11:   }
12:
13:   environment {
14:     type            = "LINUX_CONTAINER"
15:     compute_type    = "BUILD_GENERAL1_SMALL"
16:     image           = "aws/codebuild/standard:2.0"
17:     privileged_mode = true
18:   }
19: }
```

#### サービスロール

service_roleに、リスト14.4で作成したIAMロールを指定します。

#### ソースとアーティファクト

ビルド対象のファイルをsourceで指定します。また、ビルド出力アーティファクトの格納先をartifactsで指定します。両方とも「CODEPIPELINE」と指定することで、CodePipelineと連携することを宣言します。

#### ビルド環境

imageに指定しているaws/codebuild/standard:2.0は、AWSが管理しているUbuntuベースのイメージです。このイメージを使う場合、「14.3.3 ビルド仕様」でランタイムバージョンの指定が必要になります[2]。

またビルド時にdockerコマンドを使うため、privileged_modeをtrueにして、特権を付与します。

### 14.3.3 ビルド仕様

CodeBuildのビルド処理を規定するのが「**buildspec.yml**」です。buildspec.ymlは、次のよう

---

[2] https://docs.aws.amazon.com/ja_jp/codebuild/latest/userguide/build-spec-ref.html

にアプリケーションコードのプロジェクトルートに配置します。

```
├── buildspec.yml
└── Dockerfile
```

たとえば、リスト14.6のbuildspec.ymlには4つのフェーズを定義しています。

1. `install`：使用するDockerのランタイムバージョンを指定
2. `pre_build`：ECRにログイン
3. `build`：Dockerイメージのビルドとプッシュ
4. `post_build`：「imagedefinitions.json」ファイルの作成

なお、18行目のimagedefinitions.jsonについては、「14.4.4 CodePipeline」で触れます。

リスト14.6: buildspec.ymlの定義

```
 1: version: 0.2
 2:
 3: phases:
 4:   install:
 5:     runtime-versions:
 6:       docker: 18
 7:   pre_build:
 8:     commands:
 9:       - $(aws ecr get-login --region $AWS_DEFAULT_REGION --no-include-email)
10:       - REPO=$(aws ecr describe-repositories --repository-names example --output text --query "repositories[0].repositoryUri")
11:       - IMAGE=$REPO:latest
12:   build:
13:     commands:
14:       - docker build -t $IMAGE .
15:       - docker push $IMAGE
16:   post_build:
17:     commands:
18:       - printf '[{"name":"example","imageUri":"%s"}]' $IMAGE > imagedefinitions.json
19: artifacts:
20:   files: imagedefinitions.json
```

## 14.4 継続的デリバリー

アプリケーションコードがGitHubのmasterブランチにマージされたら、自動的にECSへデプロイされる仕組みを構築します。

### 14.4.1 CodePipelineサービスロール

CodePipelineが使用するIAMロールを作成します。

**ポリシードキュメント**

ポリシードキュメントをリスト14.7のように定義し、次のような権限を付与します。

- ステージ間でデータを受け渡すためのS3操作権限
- 「14.3.2 CodeBuildプロジェクト」を起動するためのCodeBuild操作権限
- ECSにDockerイメージをデプロイするためのECS操作権限
- CodeBuildやECSにロールを渡すためのPassRole権限

リスト14.7: CodePipelineサービスロールのポリシードキュメントの定義

```
 1: data "aws_iam_policy_document" "codepipeline" {
 2:   statement {
 3:     effect    = "Allow"
 4:     resources = ["*"]
 5:
 6:     actions = [
 7:       "s3:PutObject",
 8:       "s3:GetObject",
 9:       "s3:GetObjectVersion",
10:       "s3:GetBucketVersioning",
11:       "codebuild:BatchGetBuilds",
12:       "codebuild:StartBuild",
13:       "ecs:DescribeServices",
14:       "ecs:DescribeTaskDefinition",
15:       "ecs:DescribeTasks",
16:       "ecs:ListTasks",
17:       "ecs:RegisterTaskDefinition",
18:       "ecs:UpdateService",
19:       "iam:PassRole",
20:     ]
21:   }
22: }
```

**IAMロール**

CodePipeline用のIAMロールを、リスト14.8のように実装します。identifierには「codepipeline.amazonaws.com」を指定し、このIAMロールをCodePipelineで使うことを宣言します。

リスト14.8: CodePipelineサービスロールの定義

```
1: module "codepipeline_role" {
2:   source     = "./iam_role"
3:   name       = "codepipeline"
4:   identifier = "codepipeline.amazonaws.com"
5:   policy     = data.aws_iam_policy_document.codepipeline.json
6: }
```

### 14.4.2 アーティファクトストア

CodePipelineの各ステージで、データの受け渡しに使用するアーティファクトストアを作成します。リスト14.9のように実装します。

リスト14.9: アーティファクトストアの定義

```
 1: resource "aws_s3_bucket" "artifact" {
 2:   bucket = "artifact-pragmatic-terraform"
 3:
 4:   lifecycle_rule {
 5:     enabled = true
 6:
 7:     expiration {
 8:       days = "180"
 9:     }
10:   }
11: }
```

### 14.4.3 GitHubトークン

「14.4.4 CodePipeline」と「14.4.7 GitHub Webhook」で必要になるGitHubトークンを作成します。まず、GitHubのPersonal access tokens画面[3]を開き、「Generate new token」をクリックします（図14.2）。

図14.2: GitHubのPersonal access tokens画面

次に「(1) Note」に説明を入力します。そして、「(2) `repo`と`admin:repo_hook`」にチェックを

---

3.https://github.com/settings/tokens

入れて、スコープを設定します（図14.3）。最後に下へスクロールして「Generate token」をクリックします。

図14.3: スコープ設定画面

生成されたGitHubトークンをコピーします（図14.4）。

図14.4: GitHubトークンのコピー

コピーしたGitHubトークンを環境変数「`GITHUB_TOKEN`」に設定しましょう。

```
$ export GITHUB_TOKEN=xxxxxxxx
```

### 14.4.4 CodePipeline

CodePipelineは複数のステージから構成されます。リスト14.10では3つ実装します。

1. **Source**ステージ： GitHubからソースコードを取得する
2. **Build**ステージ： CodeBuildを実行し、ECRにDockerイメージをプッシュする
3. **Deploy**ステージ： ECSへDockerイメージをデプロイする

リスト14.10: CodePipelineの定義

```
 1: resource "aws_codepipeline" "example" {
 2:   name     = "example"
 3:   role_arn = module.codepipeline_role.iam_role_arn
 4:
 5:   stage {
 6:     name = "Source"
 7:
 8:     action {
 9:       name             = "Source"
10:       category         = "Source"
11:       owner            = "ThirdParty"
12:       provider         = "GitHub"
13:       version          = 1
14:       output_artifacts = ["Source"]
15:
16:       configuration = {
17:         Owner                = "your-github-name"
18:         Repo                 = "your-repository"
19:         Branch               = "master"
20:         PollForSourceChanges = false
21:       }
22:     }
23:   }
24:
25:   stage {
26:     name = "Build"
27:
28:     action {
29:       name             = "Build"
30:       category         = "Build"
31:       owner            = "AWS"
32:       provider         = "CodeBuild"
33:       version          = 1
34:       input_artifacts  = ["Source"]
35:       output_artifacts = ["Build"]
36:
```

```
37:         configuration = {
38:           ProjectName = aws_codebuild_project.example.id
39:         }
40:       }
41:     }
42:
43:     stage {
44:       name = "Deploy"
45:
46:       action {
47:         name             = "Deploy"
48:         category         = "Deploy"
49:         owner            = "AWS"
50:         provider         = "ECS"
51:         version          = 1
52:         input_artifacts  = ["Build"]
53:
54:         configuration = {
55:           ClusterName = aws_ecs_cluster.example.name
56:           ServiceName = aws_ecs_service.example.name
57:           FileName    = "imagedefinitions.json"
58:         }
59:       }
60:     }
61:
62:     artifact_store {
63:       location = aws_s3_bucket.artifact.id
64:       type     = "S3"
65:     }
66: }
```

### Sourceステージ

5〜23行目のSourceステージでは、ソースコードの取得先となるGitHubリポジトリとブランチを指定します。なお、CodePipelineの起動はWebhookから行うため、20行目のように`PollForSourceChanges`を`false`にしてポーリングは無効にします。

### Buildステージ

25〜41行目のBuildステージでは、リスト14.5で実装したCodeBuildを指定します。

## Deployステージ

43〜60行目のDeployステージでは、デプロイ先のECSクラスタとECSサービスを指定します。Deployステージで重要なのが、57行目の「`imagedefinitions.json`」です。これは、リスト14.6の`buildspec.yml`の最後に作成しているJSONファイルです。このJSONファイルには、リスト14.11のような内容が記述されています。

リスト14.11: imagedefinitions.jsonの中身

```
1: [
2:   {
3:     "name": "example",
4:     "imageUri": "your-repository-uri:latest"
5:   }
6: ]
```

このJSONは、リスト9.3で実装したコンテナ定義の一部です。CodePipelineでは`name`で指定したコンテナを、`imageUri`に指定したイメージで更新します。なおECS Fargateの場合、`latest`タグでも必ず`docker pull`するため、デプロイごとにタグを変更する必要はありません。

## アーティファクトストア

`artifact_store`には、リスト14.9で作成したS3バケットを指定します。

### 14.4.5 CodePipeline Webhook

GitHubからWebhookを受け取るためにCodePipeline Webhookを作成します。CodePipeline Webhookは、リスト14.12のように実装します。

リスト14.12: CodePipeline Webhookの定義

```
 1: resource "aws_codepipeline_webhook" "example" {
 2:   name            = "example"
 3:   target_pipeline = aws_codepipeline.example.name
 4:   target_action   = "Source"
 5:   authentication  = "GITHUB_HMAC"
 6:
 7:   authentication_configuration {
 8:     secret_token = "VeryRandomStringMoreThan20Byte!"
 9:   }
10:
11:   filter {
12:     json_path    = "$.ref"
13:     match_equals = "refs/heads/{Branch}"
14:   }
15: }
```

**ターゲット**

Webhookを受け取ったら起動するパイプラインを`target_pipeline`で設定します。ここではリスト14.10で作成したCodePipelineを指定します。

また、最初に実行するアクションを`target_action`で指定します。

**認証**

GitHubのWebhookはHMAC[4]によるメッセージ認証をサポートしています。まず`authentication`に「`GITHUB_HMAC`」と指定します。

次に`authentication_configuration`の`secret_token`へ、20バイト以上のランダムな文字列を秘密鍵として指定します。この秘密鍵は「14.4.7 GitHub Webhook」でも使用します。

**なお、秘密鍵はtfstateファイルに平文で書き込まれます**。これは「13.1.4 DBインスタンス」のマスターパスワードと同様の挙動です。どうしてもtfstateファイルへの書き込みを回避したい場合、Terraformでの管理を断念するしかありません。

**フィルタ**

CodePipelineの起動条件は`filter`で設定します。リスト14.12では、リスト14.10の19行目で指定した`master`ブランチのときのみ起動するよう設定しています。

### 14.4.6　GitHubプロバイダ

「14.4.7 GitHub Webhook」では、GitHubのリソースを操作します。そこで、リスト14.13のようにGitHubプロバイダを定義します。

なおGitHubのクレデンシャルは、「14.4.3 GitHubトークン」で設定した環境変数「`GITHUB_TOKEN`」が、自動的に使用されます[5]。

リスト14.13: GitHubプロバイダの定義

```
1: provider "github" {
2:   organization = "your-github-name"
3: }
```

### 14.4.7　GitHub Webhook

GitHub上でのイベントを検知し、コードの変更を通知するGitHub Webhookを、リスト14.14のように定義します。CodePipelineではWebhookのリソースを、通知する側・される側のそれぞれで実装します[6]。

---

[4].https://www.ietf.org/rfc/rfc2104.txt
[5].https://www.terraform.io/docs/providers/github/index.html
[6].CodePipeline Webhookとよく似たリソースであるCodeBuild Webhookでは、GitHub Webhookの作成は不要です。CodeBuild Webhookの実装については第27章で登場します。

リスト14.14: GitHub Webhookの定義

```
 1: resource "github_repository_webhook" "example" {
 2:   repository = "your-repository"
 3:
 4:   configuration {
 5:     url          = aws_codepipeline_webhook.example.url
 6:     secret       = "VeryRandomStringMoreThan20Byte!"
 7:     content_type = "json"
 8:     insecure_ssl = false
 9:   }
10:
11:   events = ["push"]
12: }
```

**通知設定**

configurationで、通知先となるCodePipelineのURLや、HMAC用の秘密鍵を指定します。6行目の「secret」とリスト14.12の「secret_token」は同じ値を入れる必要があります。

**イベント**

eventsで、トリガーとなるイベントを設定します。リスト14.14では「push」のみ指定していますが、他に「pull_request」なども指定できます[7]。

---

7.https://developer.github.com/webhooks/

# 第15章　SSHレスオペレーション

　ECS Fargateでは、サーバーへログインできません。しかし、システムを運用していると、サーバーにログインして作業をしたくなることがあります。そこで本章では、EC2とSession Managerを組み合わせた、オペレーションサーバーの構築方法を学びます。

## 15.1　オペレーションサーバーの設計

　オペレーションサーバーの設計では運用、セキュリティ、トレーサビリティを考慮します。

### 15.1.1　運用

　運用を楽にするため、いつでも再構築できるようにします。EC2にはDockerだけインストールし、ECS Fargateにデプロイするイメージを流用します。また、設定情報はSSMパラメータストアから取得して、EC2では管理しないようにします。

### 15.1.2　セキュリティ

　Session Managerを導入し、SSHログインを不要にします。「SSHの鍵管理」も「SSHのポート開放」も行いません。インターネットからのアクセスも遮断します。

### 15.1.3　トレーサビリティ

　同じくSession Managerで、すべての操作ログを保存します。コマンドの実行結果も自動的に残し、トレーサビリティを確保します。

## 15.2　Session Manager

　Session ManagerはSSHログインなしに、シェルアクセスを実現するサービスです[1]。サーバーに専用のエージェントをインストールして、そのエージェント経由でコマンドを実行します（図15.1）。Session Managerでは実際にログインすることなく、ログインしているかのようにオペレーションできます。

　Amazon Linux 2であれば、標準でエージェントがインストールされています。そのためAmazon Linux 2をベースにすれば、すぐに使い始めることができます。

---

1. Session ManagerではSSHとSCPのトンネリングもサポートされています。

図 15.1: Session Manager の構成

### 15.2.1 インスタンスプロファイル

AWSのサービスに権限を付与する場合、これまではIAMロールを関連付けていました。しかしEC2は特殊で、直接IAMロールを関連付けできません。かわりに、IAMロールをラップしたインスタンスプロファイルを関連付けて権限を付与します。

#### ポリシードキュメント

ポリシードキュメントをリスト15.1のように定義します。

リスト 15.1: オペレーションサーバー用ポリシードキュメントの定義

```
 1: data "aws_iam_policy_document" "ec2_for_ssm" {
 2:   source_json = data.aws_iam_policy.ec2_for_ssm.policy
 3:
 4:   statement {
 5:     effect    = "Allow"
 6:     resources = ["*"]
 7:
 8:     actions = [
 9:       "s3:PutObject",
10:       "logs:PutLogEvents",
11:       "logs:CreateLogStream",
12:       "ecr:GetAuthorizationToken",
13:       "ecr:BatchCheckLayerAvailability",
14:       "ecr:GetDownloadUrlForLayer",
15:       "ecr:BatchGetImage",
16:       "ssm:GetParameter",
17:       "ssm:GetParameters",
18:       "ssm:GetParametersByPath",
19:       "kms:Decrypt",
20:     ]
21:   }
22: }
23:
24: data "aws_iam_policy" "ec2_for_ssm" {
25:   arn = "arn:aws:iam::aws:policy/AmazonSSMManagedInstanceCore"
26: }
```

Session Manager用に定義されている「**AmazonSSMManagedInstanceCore**」ポリシーをベースにします。このポリシーにS3バケットとCloudWatch Logsへの書き込み権限を付与します。これらは「15.2.3 オペレーションログ」の保存で必要です。

あわせて、SSMパラメータストアとECRへの参照権限を追加します。これによりEC2上で「ECRに格納したイメージのdocker pull」と「SSMパラメータストアから設定情報を注入したコンテナの起動」を実現できます。

### IAMロール

オペレーションサーバー用のIAMロールを、リスト15.2のように定義します。identifierには「ec2.amazonaws.com」を指定し、このIAMロールをEC2インスタンスで使うことを宣言します。

リスト15.2: オペレーションサーバー用IAMロールの定義

```
1: module "ec2_for_ssm_role" {
2:   source     = "./iam_role"
3:   name       = "ec2-for-ssm"
4:   identifier = "ec2.amazonaws.com"
5:   policy     = data.aws_iam_policy_document.ec2_for_ssm.json
6: }
```

### インスタンスプロファイル

インスタンスプロファイルはリスト15.3のように定義します。このインスタンスプロファイルを、EC2インスタンスに関連付けます。

リスト15.3: インスタンスプロファイルの定義

```
1: resource "aws_iam_instance_profile" "ec2_for_ssm" {
2:   name = "ec2-for-ssm"
3:   role = module.ec2_for_ssm_role.iam_role_name
4: }
```

## 15.2.2 EC2インスタンス

リスト15.4のようにEC2インスタンスを作成し、オペレーションサーバーを構築します。

リスト15.4: オペレーションサーバー用EC2インスタンスの定義

```
1: resource "aws_instance" "example_for_operation" {
2:   ami                  = "ami-0c3fd0f5d33134a76"
3:   instance_type        = "t3.micro"
4:   iam_instance_profile = aws_iam_instance_profile.ec2_for_ssm.name
5:   subnet_id            = aws_subnet.private_0.id
6:   user_data            = file("./user_data.sh")
```

```
 7: }
 8:
 9: output "operation_instance_id" {
10:   value = aws_instance.example_for_operation.id
11: }
```

### AMI

amiでは、Amazon Linux 2のAMIを指定します。

### インスタンスタイプ

instance_typeで指定するインスタンスタイプは、オペレーションサーバーの場合、高いスペックは必要ありません。

### インスタンスプロファイル

リスト15.3で作成したインスタンスプロファイルを、iam_instance_profileに設定します。

### サブネット

subnet_idにはプライベートサブネットを指定し、外部アクセスを遮断します。

### User Data

EC2インスタンス作成時に実行するプロビジョニングスクリプトをuser_dataで指定します。「user_data.sh」ファイルを、リスト15.5のように定義します。

リスト15.5: オペレーションサーバー用User Dataの定義
```
1: #!/bin/sh
2: amazon-linux-extras install -y docker
3: systemctl start docker
4: systemctl enable docker
```

## 15.2.3 オペレーションログ

Session Managerの操作ログを自動保存するためには、SSM Documentを作成する必要があります。ログの保存先には、S3バケットとCloudWatch Logsを指定できます。

### S3バケット

ログ保存先のS3バケットを、リスト15.6のように定義します。

リスト15.6: オペレーションログを保存するS3バケットの定義

```
 1: resource "aws_s3_bucket" "operation" {
 2:   bucket = "operation-pragmatic-terraform"
 3:
 4:   lifecycle_rule {
 5:     enabled = true
 6:
 7:     expiration {
 8:       days = "180"
 9:     }
10:   }
11: }
```

## CloudWatch Logs

ログ保存先のCloudWatch Logsを、リスト15.7のように定義します。

リスト15.7: オペレーションログを保存するCloudWatch Logsの定義

```
1: resource "aws_cloudwatch_log_group" "operation" {
2:   name              = "/operation"
3:   retention_in_days = 180
4: }
```

## SSM Document

SSM Documentを、リスト15.8のように定義します。

リスト15.8: Session Manager用SSM Documentの定義

```
 1: resource "aws_ssm_document" "session_manager_run_shell" {
 2:   name            = "SSM-SessionManagerRunShell"
 3:   document_type   = "Session"
 4:   document_format = "JSON"
 5:
 6:   content = <<EOF
 7: {
 8:   "schemaVersion": "1.0",
 9:   "description": "Document to hold regional settings for Session Manager",
10:   "sessionType": "Standard_Stream",
11:   "inputs": {
12:     "s3BucketName": "${aws_s3_bucket.operation.id}",
13:     "cloudWatchLogGroupName": "${aws_cloudwatch_log_group.operation.name}"
14:   }
```

第15章　SSHレスオペレーション　　123

```
15:     }
16: EOF
17: }
```

### ドキュメント名

nameは「**SSM-SessionManagerRunShell**」と設定しましょう。nameには任意の値を設定できますが、この名前にしておくと、「15.3.2 シェルアクセス」でAWS CLIを使うときに、オプション指定を省略できます。

### ドキュメントタイプとドキュメントフォーマット

document_typeには「Session」、document_formatには「JSON」を指定します。Session Managerでは、この値は固定です。

### ドキュメント

contentでは、ログを保存するS3バケットやCloudWatch Logsを設定します。

> **Error creating SSM document: DocumentAlreadyExists**
>
> 「Error creating SSM document: DocumentAlreadyExists」というエラーが、リスト15.8をapplyしたときに出る可能性があります。これは同じ名前のSSM Documentがすでに存在していることを示しており、過去にSession Managerを利用したことがあると起こりえます。
> このエラーが出たときは、違う名前でSSM Documentを作成するか、既存のSSM Documentを一度削除する必要があります。

## 15.3 ローカル環境

オペレーションサーバーの準備が整ったので、ローカル環境をセットアップします。

### 15.3.1 Session Manager Plugin

Session Managerを使うために、Session Manager Pluginをインストールします。なお、macOS以外でのインストール手順は、公式ドキュメントを参照しましょう[2]。

```
$ cd /tmp
$ curl "https://s3.amazonaws.com/session-manager-downloads/plugin/latest/mac/
sessionmanager-bundle.zip" -o "sessionmanager-bundle.zip"
$ unzip sessionmanager-bundle.zip
$ sudo ./sessionmanager-bundle/install -i /usr/local/sessionmanagerplugin \
    -b /usr/local/bin/session-manager-plugin
$ rm -rf sessionmanager-bundle sessionmanager-bundle.zip
```

---

2.https://docs.aws.amazon.com/ja_jp/systems-manager/latest/userguide/session-manager-working-with-install-plugin.html

インストールできたら、次のように表示されることを確認します。

```
$ session-manager-plugin

Session-Manager-Plugin is installed successfully.
Use AWSCLI to start a session.
```

### 15.3.2　シェルアクセス

それでは、AWS CLI経由でシェルアクセスをしましょう。start-sessionコマンドの「--target」オプションに、リスト15.4のoperation_instance_idで出力されたインスタンスIDを指定します。

また、「--document-name」オプションにはリスト15.8で作成したSSM Documentを指定します。なお、SSM Documentを『SSM-SessionManagerRunShell』という名前で作成している場合、このオプションは省略できます。

```
$ aws ssm start-session --target <ec2-instance-id> \
  --document-name SSM-SessionManagerRunShell
```

シェルアクセスに成功すると次のように表示されます。

```
Starting session with SessionId: 1548245085-038b271cb53da623c

sh-4.2$
```

whoamiしてみると、「**ssm-user**」というユーザーでアクセスしていることが分かります。

```
sh-4.2$ whoami
ssm-user
```

またssm-userは「sudo権限」を持っているため、好きなオペレーションを実行できます。

```
sh-4.2$ sudo su -
[root@ip-10-0-64-77 ~]#
```

# 第16章　ロギング

　AWSの多くのサービスは、S3バケットかCloudWatch Logsにログを保存します。本章では、どのサービスがどこにログを保存し、どのようにログを検索するか学びます。

## 16.1 ロギングの種類

まずは、どのサービスがどこにログを保存するか、整理することからはじめましょう。

### 16.1.1　S3へのロギング

S3へロギングを行う代表的なサービスは次のとおりです。
・ALB
・Session Manager
・CloudTrail[1]
・VPCフローログ[2]
・S3アクセスログ[3]

放っておくと無限にファイルが増えるので、S3バケットは古いファイルを定期的に削除するよう設定します。リスト6.4で登場した、`lifecycle_rule`が役立ちます。

### 16.1.2　CloudWatch Logsへのロギング

CloudWatch Logsへロギングを行う代表的なサービスは次のとおりです。
・ECS
・RDS
・Route 53
・Session Manager
・CloudTrail
・VPCフローログ
・Lambda[4]

S3バケット同様、CloudWatch Logsもデフォルトだと無制限にログをため続けるため、保持期間を設定します。リスト9.5で登場した、`retention_in_days`が役立ちます。

---

[1] https://docs.aws.amazon.com/ja_jp/awscloudtrail/latest/userguide/cloudtrail-user-guide.html
[2] https://docs.aws.amazon.com/ja_jp/vpc/latest/userguide/flow-logs.html
[3] https://docs.aws.amazon.com/ja_jp/AmazonS3/latest/dev/ServerLogs.html
[4] https://docs.aws.amazon.com/ja_jp/lambda/latest/dg/welcome.html

## 16.2 ログ検索

**ELK (Elasticsearch, Logstash, Kibana)** スタックなどを使って、自前でログ検索の仕組みを構築することもできますが、まずはAthenaとCloudWatch Logs Insightsを試してみましょう。ほぼ準備なしで、使い始めることができます。これらのサービスで要件が満たせなくなってから、別のソリューションを検討しても遅くありません。

### 16.2.1 Athena

AthenaはS3のデータを直接SQLで検索するサービスです。AthenaはTerraformで管理するメリットが薄いため、AWSマネジメントコンソールで直接操作します。

#### 対応形式

AthenaではJSONやApache Parquetで出力されたログをサポートします。また、ALBなどの各種サービスのログも検索できます。

#### Athenaデータベース

最初にデータベースを作成します。ここでは「mylog」という名前で作成しましょう。まずはAthena[5][6]に移動し、「(1) Query Editor」を開きます（図16.1）。

図16.1: AthenaのQuery Editor

次に「(2) クエリ入力欄」にリスト16.1を入力し、「(3) Run query」をクリックします。すると「(4) Results」に実行結果が表示されます。

---

5.https://ap-northeast-1.console.aws.amazon.com/athena/home
6.Athenaをはじめて利用する場合は「Get Started」を選択するとQuery Editorが表示されます。

第16章 ロギング | 127

リスト16.1: Athena データベースの定義

```
1: CREATE DATABASE mylog;
```

## テーブル定義

「(5) Databaseリスト」で、先ほど作成したmylogデータベースを選択し、テーブルを作成します。リスト16.2のクエリを実行すると、ALBアクセスログのテーブルが作成できます。手動入力は難しいので、AWSの公式ドキュメント[7]からコピーしましょう。

リスト16.2の36行目では「LOCATION」を指定します。その書式は次のとおりです。

- s3://<bucket-name>/AWSLogs/<account-id>/elasticloadbalancing/<region>

LOCATIONは環境にあわせて変更しましょう。

リスト16.2: ALBアクセスログのテーブル定義

```
 1: CREATE EXTERNAL TABLE IF NOT EXISTS alb_logs (
 2:            type string,
 3:            time string,
 4:            elb string,
 5:            client_ip string,
 6:            client_port int,
 7:            target_ip string,
 8:            target_port int,
 9:            request_processing_time double,
10:            target_processing_time double,
11:            response_processing_time double,
12:            elb_status_code string,
13:            target_status_code string,
14:            received_bytes bigint,
15:            sent_bytes bigint,
16:            request_verb string,
17:            request_url string,
18:            request_proto string,
19:            user_agent string,
20:            ssl_cipher string,
21:            ssl_protocol string,
22:            target_group_arn string,
23:            trace_id string,
24:            domain_name string,
25:            chosen_cert_arn string,
26:            matched_rule_priority string,
```

---

7.https://docs.aws.amazon.com/ja_jp/athena/latest/ug/application-load-balancer-logs.html

```
27:             request_creation_time string,
28:             actions_executed string,
29:             redirect_url string,
30:             lambda_error_reason string,
31:             new_field string)
32:         ROW FORMAT SERDE 'org.apache.hadoop.hive.serde2.RegexSerDe'
33:         WITH SERDEPROPERTIES (
34:             'serialization.format' = '1',
35:             'input.regex' = '([^ ]*) ([^ ]*) ([^ ]*) ([^ ]*):([0-9]*) ([^ ]*)[:-]([0-9]*) ([-.0-9]*) ([-.0-9]*) ([-.0-9]*) (|[-0-9]*) (-|[-0-9]*) ([-0-9]*) ([-0-9]*) \"([^ ]*) ([^ ]*) (- |[^ ]*)\" \"([^\"]*)\" ([A-Z0-9-]+) ([A-Za-z0-9.-]*) ([^ ]*) \"([^\"]*)\" \"([^\"]*)\" \"([^\"]*)\" ([-.0-9]*) ([^ ]*) \"([^\"]*)\" \"([^\"]*)\"($| \"[^ ]*\")(.*)')
36:         LOCATION 's3://alb-log-pragmatic-terraform/AWSLogs/123456789012/elasticloadbalancing/ap-northeast-1';
```

## 検索

これでもう検索可能です。たとえば、リスト16.3のようなクエリが実行できます。

リスト16.3: IPアドレス別にリクエスト数をカウントするクエリ
```
1: SELECT COUNT(request_verb) AS count, request_verb, client_ip FROM alb_logs GROUP BY request_verb, client_ip LIMIT 100;
```

### 16.2.2 CloudWatch Logs Insights

CloudWatch Logs Insightsは、CloudWatch Logsを検索できるサービスです。

## 対応形式

CloudWatch Logs InsightsではRoute 53ログなど、複数のサービスのログに標準で対応しています。またJSON形式のログもサポートしています。そのため、CloudWatch LogsにJSON形式でログを投げれば、簡単に検索できるようになります。

特に、ECS Fargateとのコンボは強力です。ECS Fargateで動かすコンテナのアプリケーションログをJSON形式で出力するよう実装しましょう。すると、アプリケーションログの検索の仕組みを、ほぼ作り込みゼロで実現できます。

## 検索

検索は専用のクエリ言語を使用します。たとえば、リスト16.4は「9.4 Fargateにおけるロギング」で実装した、ECSのログを検索するクエリです。

リスト16.4: CloudWatch Logs Insightsのクエリ例

```
1: fields @timestamp, @message
2: | sort @timestamp desc
3: | limit 20
```

CloudWatch Logs Insights[8]に移動し、検索対象の「(1) ロググループ」を選択します。そして「(2) クエリ入力欄」でリスト16.4のクエリを入力し、「(3) クエリの実行」をクリックします。すると「(4) 検索結果」が表示されます（図16.2）。

図16.2: CloudWatch Logs InsightsによるECSログの検索

## 16.3 ログ永続化

CloudWatch Logsは便利ですが、ストレージとしては少々割高です。そこで、ログをS3バケットに永続化する仕組みを構築します。ログ永続化はKinesis Data Firehoseと連携させることで実現します（図16.3）。

図16.3: CloudWatch Logs永続化の構成

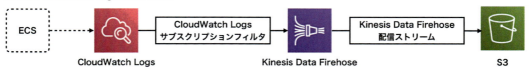

### 16.3.1 ログ永続化バケット

リスト16.5のように、ログを永続化するS3バケットを作成します。

---

8.https://ap-northeast-1.console.aws.amazon.com/cloudwatch/home

リスト16.5: CloudWatch Logs永続化バケットの定義

```
 1: resource "aws_s3_bucket" "cloudwatch_logs" {
 2:   bucket = "cloudwatch-logs-pragmatic-terraform"
 3:
 4:   lifecycle_rule {
 5:     enabled = true
 6:
 7:     expiration {
 8:       days = "180"
 9:     }
10:   }
11: }
```

### 16.3.2 Kinesis Data Firehose IAMロール

Kinesis Data Firehoseが使用するIAMロールを作成します。

#### ポリシードキュメント

ポリシードキュメントをリスト16.6のように定義します。Kinesis Data FirehoseにはS3の操作権限を付与します。

リスト16.6: Kinesis Data Firehose IAMロールのポリシードキュメントの定義

```
 1: data "aws_iam_policy_document" "kinesis_data_firehose" {
 2:   statement {
 3:     effect = "Allow"
 4:
 5:     actions = [
 6:       "s3:AbortMultipartUpload",
 7:       "s3:GetBucketLocation",
 8:       "s3:GetObject",
 9:       "s3:ListBucket",
10:       "s3:ListBucketMultipartUploads",
11:       "s3:PutObject",
12:     ]
13:
14:     resources = [
15:       "arn:aws:s3:::${aws_s3_bucket.cloudwatch_logs.id}",
16:       "arn:aws:s3:::${aws_s3_bucket.cloudwatch_logs.id}/*",
17:     ]
18:   }
19: }
```

### IAMロール

Kinesis Data Firehose 配信ストリームが使用する IAM ロールをリスト 16.7 のように実装します。identifier には「firehose.amazonaws.com」を指定し、この IAM ロールを Kinesis Data Firehose で使うことを宣言します。

リスト16.7: Kinesis Data Firehose IAMロールの定義
```
 1: module "kinesis_data_firehose_role" {
 2:   source     = "./iam_role"
 3:   name       = "kinesis-data-firehose"
 4:   identifier = "firehose.amazonaws.com"
 5:   policy     = data.aws_iam_policy_document.kinesis_data_firehose.json
 6: }
```

### 16.3.3　Kinesis Data Firehose 配信ストリーム

リスト 16.8 のように、Kinesis Data Firehose 配信ストリームを作成します。配信先の S3 バケットと IAM ロールを設定するだけです。

「16.3.5 CloudWatch Logs サブスクリプションフィルタ」から Kinesis Data Firehose にログデータが流れると、この Kinesis Data Firehose 配信ストリームに設定した S3 バケットへログを保存します。

リスト16.8: Kinesis Data Firehose 配信ストリームの定義
```
 1: resource "aws_kinesis_firehose_delivery_stream" "example" {
 2:   name        = "example"
 3:   destination = "s3"
 4:
 5:   s3_configuration {
 6:     role_arn   = module.kinesis_data_firehose_role.iam_role_arn
 7:     bucket_arn = aws_s3_bucket.cloudwatch_logs.arn
 8:     prefix     = "ecs-scheduled-tasks/example/"
 9:   }
10: }
```

### 16.3.4　CloudWatch Logs IAMロール

CloudWatch Logs が使用する IAM ロールを作成します。

#### ポリシードキュメント

ポリシードキュメントをリスト 16.9 のように定義します。CloudWatch Logs には Kinesis Data Firehose 操作権限と PassRole 権限を付与します。

リスト16.9: CloudWatch Logs IAMロールのポリシードキュメントの定義

```
 1: data "aws_iam_policy_document" "cloudwatch_logs" {
 2:   statement {
 3:     effect    = "Allow"
 4:     actions   = ["firehose:*"]
 5:     resources = ["arn:aws:firehose:ap-northeast-1:*:*"]
 6:   }
 7:
 8:   statement {
 9:     effect    = "Allow"
10:     actions   = ["iam:PassRole"]
11:     resources = ["arn:aws:iam::*:role/cloudwatch-logs"]
12:   }
13: }
```

### IAMロール

CloudWatch Logsサブスクリプションフィルタが使用するIAMロールをリスト16.10のように実装します。`identifier`には「logs.ap-northeast-1.amazonaws.com」を指定し、このIAMロールをCloudWatch Logsで使うことを宣言します。

リスト16.10: CloudWatch Logs IAMロールの定義

```
1: module "cloudwatch_logs_role" {
2:   source     = "./iam_role"
3:   name       = "cloudwatch-logs"
4:   identifier = "logs.ap-northeast-1.amazonaws.com"
5:   policy     = data.aws_iam_policy_document.cloudwatch_logs.json
6: }
```

## 16.3.5　CloudWatch Logsサブスクリプションフィルタ

CloudWatch Logsサブスクリプションフィルタを、リスト16.11のように実装します。

リスト16.11: CloudWatch Logsサブスクリプションフィルタの定義

```
1: resource "aws_cloudwatch_log_subscription_filter" "example" {
2:   name            = "example"
3:   log_group_name  = aws_cloudwatch_log_group.for_ecs_scheduled_tasks.name
4:   destination_arn = aws_kinesis_firehose_delivery_stream.example.arn
5:   filter_pattern  = "[]"
6:   role_arn        = module.cloudwatch_logs_role.iam_role_arn
7: }
```

**ロググループ名**

`log_group_name`に、関連付けるロググループ名を指定します。ここではリスト10.1で作成した、バッチ用のCloudWatch Logsを指定しています。

**送信先**

`destination_arn`にログの送信先として、リスト16.8で作成したKinesis Data Firehose配信ストリームを指定します。

**フィルタパターン**

`filter_pattern`で、Kinesis Data Firehoseに流すデータをフィルタリングできます。リスト16.11では、フィルタリングせずにすべて送る設定を記述しています。

**CloudWatch Logs IAMロール**

`role_arn`に、リスト16.10で作成したCloudWatch Logs IAMロールを設定します。

# 第17章　Terraformベストプラクティス

ここから大きく話を転換し、Terraformの運用・設計について学びます。まず本章では、Terraformのベストプラクティスを紹介します。小さなプラクティスを丁寧に実践することで、Terraformのメンテナンス性を大きく高めることができます。

## 17.1　Terraformバージョンを固定する

無用なトラブルを避けるため、Terraformのバージョンは固定すべきです。特にチーム開発では必須です。たとえばリスト17.1では、バージョンを0.12.5に固定しています。

リスト17.1: Terraformバージョンの定義

```
1: terraform {
2:   required_version = "0.12.5"
3: }
```

## 17.2　プロバイダバージョンを固定する

Terraformのバージョン同様、プロバイダのバージョンも固定しましょう。特にAWSプロバイダは進化が早く、環境差異が出やすいです。リスト17.2のように定義します。

リスト17.2: プロバイダバージョンの定義

```
1: provider "aws" {
2:   version = "2.20.0"
3: }
```

バージョンを変更したら、忘れずに「**terraform init**」コマンドを実行しましょう。これで、指定したバージョンのプロバイダをダウンロードしてくれます。

## 17.3　削除操作を抑止する

Terraformでリソースを作るのは簡単ですが、壊すのも簡単です。そこで、削除されると困る重要なリソースに、リスト17.3のように削除操作を抑止する定義を追加します。

リスト17.3: ライフサイクルによる削除抑止定義

```
1: resource "aws_s3_bucket" "prevent_destroy_bucket" {
2:   bucket = "prevent-destroy-pragmatic-terraform"
3:
4:   lifecycle {
5:     prevent_destroy = true
6:   }
7: }
```

5行目のように、lifecycleの「**prevent_destroy**」をtrueにすれば、リソース削除を抑止できます。prevent_destroyは、Terraformの全リソースに設定できます。この状態で、リソース削除を行おうとすると、Terraformがエラーで落ちます。

ただし、prevent_destroyも完全ではありません。この設定を記述していても、リソース定義全体を削除してapplyするとリソースが削除されます。これはTerraformの仕様なので注意しましょう。

## 17.4　コードフォーマットをかける

TerraformにはGo言語などと同様に、コードフォーマット機能が標準で実装されています。「**terraform fmt**」コマンドを実行しましょう。「-recursive」オプションを付けると実行したディレクトリだけでなく、サブディレクトリ配下のファイルもすべてフォーマットしてくれます。

```
$ terraform fmt -recursive
```

さらに「-check」オプションを使うと、フォーマット済みかチェックできます。

```
$ terraform fmt -recursive -check
```

未フォーマットのコードがあると、Exit Codeが0以外になります。これを利用すると、簡単にCIでチェックできます。

## 17.5　バリデーションをかける

Terraformにはバリデーション機能も実装されています。「**terraform validate**」コマンドを実行しましょう。変数に値がセットされていなかったり、構文エラーがある場合に教えてくれます。

```
$ terraform validate
```

バリデーションはサブディレクトリ配下まで実行されないので、すべてのディレクトリで実行す

る場合は工夫が必要です。たとえば次のように実行すると、すべてのディレクトリでバリデーションチェックができます。

```
$ find . -type f -name '*.tf' -exec dirname {} \; | sort -u | \
  xargs -I {} terraform validate {}
```

なお、validateコマンドは事前にterraform initを実行しておく必要があります。エラーメッセージが出る場合は、initコマンドを実行しましょう。

## 17.6 オートコンプリートを有効にする

Terraformでは標準でオートコンプリート機能が提供されています。bashやzshに対応しています。次のように実行すると、.bashrcや.zshrcにオートコンプリートの設定が追加されます。

```
$ terraform -install-autocomplete
```

コマンド実行後に、シェルを再起動すればオートコンプリートが有効になります。

## 17.7 プラグインキャッシュを有効にする

terraform initコマンドのデフォルトでは、プロバイダのバイナリファイルをディレクトリごとに都度ダウンロードします。しかし、このファイルはキャッシュできます。

ホームディレクトリに「**.terraformrc**」ファイルを作成し、リスト17.4を定義します。

リスト17.4: プラグインキャッシュの有効化
```
1: plugin_cache_dir = "$HOME/.terraform.d/plugin-cache"
```

そして保存先のディレクトリを作成します。

```
$ mkdir -p "$HOME/.terraform.d/plugin-cache"
```

これで初回init時のみダウンロードを行い、次回以降はキャッシュが使用されます。

## 17.8 TFLintで不正なコードを検出する

TFLint[1]はその名のとおり、TerraformのLinterです。planコマンドでエラーにならない不正なコードを検出できます。

---
1.https://github.com/wata727/tflint

### 17.8.1 TFLintのインストール

TFLintはHomebrewでインストールできます。

```
$ brew install tflint
```

インストールできたら、TFLintのバージョンを確認します。

```
$ tflint --version
TFLint version 0.9.2
```

### 17.8.2 TFLintの使い方

たとえば、リスト17.5のように不正なリソースを定義します。

リスト17.5: 不正なリソースの定義
```
1: resource "aws_instance" "invalid" {
2:   ami                   = "ami-0c3fd0f5d33134a76"
3:   instance_type         = "t1.2xlarge" # Invalid type
4:   iam_instance_profile  = "Invalid"    # Not exists
5: }
```

TFLintを実行すると、次のようなエラーメッセージを出力します。

```
$ tflint
main.tf
ERROR:3 instance_type is not a valid value (aws_instance_invalid_type)

Result: 1 issues  (1 errors , 0 warnings , 0 notices)
```

なお、サブディレクトリを再帰的にチェックするわけではないので注意しましょう。

### 17.8.3 Deep Checking

--deepオプションを付けると、AWS APIを実行して詳細なチェックを行います[2]。あらためてリスト17.5に対して、TFLintを実行しましょう。すると、存在しないインスタンスプロファイルを指定しているため、エラーメッセージが増えます。

---

2.Deep Checking では、AWS のクレデンシャルの設定が必要です。

```
$ tflint --deep --aws-region=ap-northeast-1
main.tf
ERROR:3 instance_type is not a valid value (aws_instance_invalid_type)
ERROR:4 "Invalid" is invalid IAM profile name. (aws_instance_invalid_iam_profile)

Result: 2 issues  (2 errors , 0 warnings , 0 notices)
```

# 第18章　AWSベストプラクティス

　本章では、TerraformにおけるAWS固有のベストプラクティスを学びます。AWSの仕様を一歩踏み込んで理解することで、回避できるトラップはいくつもあります。

## 18.1　ネットワーク系デフォルトリソースの使用を避ける

　VPCを作成すると、自動的にデフォルトルートテーブルやデフォルトセキュリティグループが作成されます。これらのリソースは、Terraformでは扱いが特殊です。

　たとえば、通常のルートテーブルは「aws_route_table」リソースで管理しますが、デフォルトルートテーブルは「aws_default_route_table」リソースで管理します。リソースが異なるのは他も同様です。さらに、ネットワーク系デフォルトリソースはコードから削除しても、Terraform管理対象外になるだけでAWS上ではリソースが残ったままになります。

　また、**ネットワーク系デフォルトリソースはデフォルトで使用されます**。当たり前のことを述べていますが、これは重要な仕様です。たとえば、サブネットに関連付けるルートテーブルを明示的に指定しない場合、自動的にデフォルトルートテーブルが使用されます。つまり、**ネットワーク系デフォルトリソースは意図せず、広い範囲で使われます**。

　これは影響範囲の読みづらさを意味しており、下手に設定を変更すると、予期せぬところでトラブルが発生します。正直扱いづらいので、利用は避けるべきです。影響範囲を明確にするためには、ネットワーク系デフォルトリソースに依存してはいけません。

## 18.2　データストア系デフォルトリソースの使用を避ける

　RDSやElastiCacheには、パラメータグループやオプショングループが指定できます。指定を省略した場合、デフォルトのパラメータグループやオプショングループが使用されます。これらデータストア系デフォルトリソースですが、**なんと設定が一切変更できません**。そのため、設定を変更したい場合、新規にリソースを作成する必要があります。

　また、データストア系デフォルトリソースの切り替えには、インスタンスの再起動が伴います。そのため、気軽に実行できません。これを回避するには、データストア系デフォルトリソースの使用を避けるしかありません。たとえ、デフォルト設定とまったく同じだとしても、別途リソースを作成しておくべきです。

## 18.3　APIの削除保護機能を活用する

　いくつかのリソースには、削除保護機能があります。たとえばaws_db_instanceリソースのdeletion_protectionや、aws_lbリソースのenable_deletion_protectionなどです。これらの設

定を有効にしておくと、明示的に設定を無効化するまでリソースを削除できなくなります。

また、変わり種としては、aws_s3_bucketリソースのforce_destroyがあります。これがfalseに設定されており、かつ、オブジェクトが存在する場合はバケットが削除できなくなります。うまく使うと、誤操作によるリソース削除のリスクが低減します。

## 18.4　暗黙的な依存関係を把握する

リソースによっては、暗黙的に他のリソースに依存している場合があります。たとえば、EIPやNATゲートウェイはインターネットゲートウェイに暗黙的に依存しています。

暗黙的な依存関係については、ドキュメントに明記されていることが多いです。暗黙的な依存関係がある場合は「depends_on」を定義して、依存していることを明示しましょう。depends_onを書いておくと、正しい順序でリソース操作ができ、Terraformの動作が安定します。

## 18.5　暗黙的に作られるリソースに注意する

AWSには**サービスにリンクされたロール (Service-Linked Role)** という、IAMロールの特殊版が存在します。たとえば、はじめてaws_ecs_clusterリソースを作成すると「AWSServiceRoleForECS」が自動作成されます。

ところでaws_ecs_serviceリソースでは、AWSServiceRoleForECSが必須です。そのため、はじめてaws_ecs_clusterリソースを作成し、かつaws_ecs_serviceリソースを同時に作成するとエラーが発生します。**それも初回のみ発生します**。これは、AWSServiceRoleForECSの作成にタイムラグがあるためです。この問題を回避するにはもう一度applyするか、事前にAWSServiceRoleForECSを作成する必要があります[1]。

また、aws_lbリソース作成時に「AWSServiceRoleForElasticLoadBalancing」がないと、エラーになるケースも報告されています[2]。これらの挙動はAWSの内部実装に依存しており、他でも同様の現象が起こりえます。

---

1. https://nekopunch.hatenablog.com/entry/2018/09/01/122525
2. https://www.dehio3.com/entry/2019/03/07/140055

# 第19章 高度な構文

本章では第3章で紹介しきれなかった高度な構文を学びます。Terraformの表現力を高め、多様なユースケースへ対応するために役立ちます。

## 19.1 三項演算子

Terraformでは、三項演算子が使えます。たとえばリスト19.1では、本番環境とステージング環境でインスタンスタイプを切り替えます。

リスト19.1: 三項演算子によるインスタンスタイプの切り替え
```
1: variable "env" {}
2:
3: resource "aws_instance" "example" {
4:   ami           = "ami-0c3fd0f5d33134a76"
5:   instance_type = var.env == "prod" ? "m5.large" : "t3.micro"
6: }
```

env変数をTerraform実行時に切り替えると、plan結果が変わります。

```
$ terraform plan -var 'env=prod'
$ terraform plan -var 'env=stage'
```

## 19.2 複数リソース作成

Terraformには「**count**」というメタ引数が存在します。countを使えば、複数のリソースを簡単に作成できます。countはすべてのリソースで定義できます。

たとえばリスト19.2は、3つのVPCを作成します。count.indexによりcidr_blockにはそれぞれ、10.0.0.0/16・10.1.0.0/16・10.2.0.0/16が設定されます。

リスト19.2: countによる複数リソースの定義
```
1: resource "aws_vpc" "examples" {
2:   count      = 3
3:   cidr_block = "10.${count.index}.0.0/16"
4: }
```

## 19.3 リソース作成制御

三項演算子とcountを組み合わせると、リソース作成を制御できます。たとえばリスト19.3のようなsecurity_groupモジュールを実装しましょう。

ポイントは19行目で、allow_ssh変数の値によって挙動を変えています。このモジュールでは、「SSHを許可するセキュリティグループルール」を作成するかどうかは呼び出し側で切り替えます。

リスト19.3: リソース作成を制御するモジュールの定義

```
 1: variable "allow_ssh" {
 2:   type = bool
 3: }
 4:
 5: resource "aws_security_group" "example" {
 6:   name = "example"
 7: }
 8:
 9: resource "aws_security_group_rule" "egress" {
10:   type              = "egress"
11:   from_port         = 0
12:   to_port           = 0
13:   protocol          = "-1"
14:   cidr_blocks       = ["0.0.0.0/0"]
15:   security_group_id = aws_security_group.example.id
16: }
17:
18: resource "aws_security_group_rule" "ingress" {
19:   count = var.allow_ssh ? 1 : 0
20:
21:   type              = "ingress"
22:   from_port         = 22
23:   to_port           = 22
24:   protocol          = "tcp"
25:   cidr_blocks       = ["0.0.0.0/0"]
26:   security_group_id = aws_security_group.example.id
27: }
28:
29: output "allow_ssh_rule_id" {
30:   value = join("", aws_security_group_rule.ingress[*].id)
31: }
```

リスト19.4では、SSHを許可するセキュリティグループルールが作成されます。

リスト19.4: 「SSHを許可するセキュリティグループルール」を作成する

```
1: module "allow_ssh" {
2:   source    = "./security_group"
3:   allow_ssh = true
4: }
5:
6: output "allow_ssh_rule_id" {
7:   value = module.allow_ssh.allow_ssh_rule_id
8: }
```

一方リスト19.5では、SSHを許可するセキュリティグループルールは作成されません。

リスト19.5: 「SSHを許可するセキュリティグループルール」を作成しない

```
1: module "disallow_ssh" {
2:   source    = "./security_group"
3:   allow_ssh = false
4: }
5:
6: output "disallow_ssh_rule_id" {
7:   value = module.disallow_ssh.allow_ssh_rule_id
8: }
```

これは再利用性の高いTerraformモジュールの実装に、しばしば登場するテクニックです。

## 19.4 主要なデータソース

いくつかのデータソースをここまで扱ってきましたが、有益なデータソースは他にもあります。うまく活用するとハードコードの頻度が激減します。

### 19.4.1 AWSアカウントID

リスト19.6のように aws_caller_identity データソースを使うと、自身のAWSアカウントIDを取得できます。

リスト19.6: AWSアカウントIDの取得

```
1: data "aws_caller_identity" "current" {}
2:
3: output "account_id" {
4:   value = data.aws_caller_identity.current.account_id
5: }
```

## 19.4.2 リージョン

リスト19.7のようにaws_regionデータソースを使うと、リージョンを取得できます。

リスト19.7: リージョンの取得
```
1: data "aws_region" "current" {}
2:
3: output "region_name" {
4:   value = data.aws_region.current.name
5: }
```

## 19.4.3 アベイラビリティゾーン

リスト19.8のようにaws_availability_zonesデータソースを使うと、アベイラビリティゾーンをリストで取得できます。

リスト19.8: アベイラビリティゾーンのリストの取得
```
1: data "aws_availability_zones" "available" {
2:   state = "available"
3: }
4:
5: output "availability_zones" {
6:   value = data.aws_availability_zones.available.names
7: }
```

## 19.4.4 サービスアカウント

第6章のリスト6.5では、「582318560864」という特殊なアカウントが登場します。これはALBの「サービスアカウント」と呼ばれます。aws_elb_service_accountデータソースをリスト19.9のように定義すると、ALBのサービスアカウントが取得できます。

リスト19.9: ALBのサービスアカウントの取得
```
1: data "aws_elb_service_account" "current" {}
2:
3: output "alb_service_account_id" {
4:   value = data.aws_elb_service_account.current.id
5: }
```

aws_cloudtrail_service_accountやaws_redshift_service_accountなど、他のサービスアカウントのデータソースも提供されています。

## 19.5　主要な組み込み関数

「3.7 組み込み関数」ではfile関数のみ紹介しましたが、Terraformでは他にもたくさんの組み込み関数が提供されています。

組み込み関数を試すには、「**terraform console**」コマンドが便利です。このコマンドはTerraformの対話型コンソールを提供します。

```
$ terraform console
>
```

たとえばcidrsubnet関数を試すのであれば、次のように実行します。

```
> cidrsubnet("10.1.0.0/16", 8, 3)
10.1.3.0/24
```

終了するときはexitと入力します。

```
> exit
```

### 19.5.1　Numeric Functions

数値演算のために、max関数・floor関数・pow関数などが提供されています。たとえばmax関数は、与えられた数値の最大値を算出します。

```
> max(1, 100, 10)
100
```

### 19.5.2　String Functions

文字列操作のために、substr関数・format関数・split関数などが提供されています。たとえばsubstr関数は、部分文字列を取得します。

```
> substr("Pragmatic Terraform on AWS", 10, 9)
Terraform
```

### 19.5.3　Collection Functions

コレクション操作のために、flatten関数・concat関数・length関数などが提供されています。たとえばflatten関数は、多次元配列を1次元配列に変換します。

```
> flatten([["Pragmatic"], ["Terraform", ["on", "AWS"]]])
[
  "Pragmatic",
  "Terraform",
  "on",
  "AWS",
]
```

### 19.5.4 Filesystem Functions

ファイル操作のために、`templatefile`関数・`fileexists`関数・`file`関数などが提供されています。たとえば`templatefile`関数を使うと、実行時にテンプレートへ値を埋め込むことができます。

ここでは、テンプレートファイル「install.sh」をリスト19.10のように実装します。

リスト19.10: テンプレートファイルの定義
```
1: #!/bin/bash
2: yum install -y ${package}
```

すると次のように、「package」変数を実行時に埋め込むことができます。

```
> templatefile("${path.module}/install.sh", { package = "httpd" })
#!/bin/bash
yum install -y httpd
```

### 19.5.5 その他の組み込み関数

Terraformでは他にも、次のような組み込み関数が定義されています。
・Encoding Functions ： エンコード・デコードの関数
・Date and Time Functions ： 日時関数
・Hash and Crypto Functions ： ハッシュ化・暗号化の関数
・IP Network Functions ： IPネットワークの関数
・Type Conversion Functions ： 型変換の関数

ぜひ、公式ドキュメント[1]で関数名だけでも斜め読みしておきましょう。

## 19.6 ランダム文字列

リスト13.4のマスターパスワードやリスト14.12の秘密鍵は文字列として直接記述しています。ランダム性が求められる値ですが、これらを直接利用することはありません。

---

1.https://www.terraform.io/docs/configuration/functions.html

このような場合、Randomプロバイダのrandom_stringリソースを使いましょう。リスト19.11のように実装すると、ランダム文字列を自動生成できます。

リスト19.11: パスワードのランダム生成
```
1: provider "random" {}
2:
3: resource "random_string" "password" {
4:   length  = 32
5:   special = false
6: }
```

DBインスタンスのマスターパスワードでは一部の特殊文字が使えないため、specialをfalseにして特殊文字を抑制します。ではリスト19.12のように、マスターパスワードを設定します。

リスト19.12: DBインスタンスにRandomプロバイダが生成したパスワードを設定
```
1: resource "aws_db_instance" "example" {
2:   engine              = "mysql"
3:   instance_class      = "db.t3.small"
4:   allocated_storage   = 20
5:   skip_final_snapshot = true
6:   username            = "admin"
7:   password            = random_string.password.result
8: }
```

## 19.7　Multipleプロバイダ

時には複数のリージョンに、リソースを作成したくなることがあります。デフォルトは東京リージョンで、特定のリソースだけバージニア北部リージョンに作成するとしましょう。これはリスト19.13のように、Multipleプロバイダを定義すれば実現できます。

リスト19.13: Multipleプロバイダの定義
```
1: provider "aws" {
2:   alias  = "virginia"
3:   region = "us-east-1"
4: }
5:
6: provider "aws" {
7:   region = "ap-northeast-1"
8: }
```

aliasでプロバイダに名前をつけます。バージニア北部リージョンにリソースを作成する場合は、こちらを使います。

一方aliasが未定義のプロバイダは、デフォルトプロバイダとして扱われます。プロバイダが未指定の場合に使用されます。

### 19.7.1　リソースのマルチリージョン定義

リソースをマルチリージョンで定義するには、リスト19.14のように実装します。

リスト19.14: リソースのマルチリージョン定義

```
 1: resource "aws_vpc" "virginia" {
 2:   provider   = aws.virginia
 3:   cidr_block = "192.168.0.0/16"
 4: }
 5:
 6: resource "aws_vpc" "tokyo" {
 7:   cidr_block = "192.168.0.0/16"
 8: }
 9:
10: output "virginia_vpc" {
11:   value = aws_vpc.virginia.arn
12: }
13:
14: output "tokyo_vpc" {
15:   value = aws_vpc.tokyo.arn
16: }
```

2行目のようにproviderを指定し、バージニア北部リージョンにリソースを作成します。provider指定のないリソースは、東京リージョンに作成します。applyすると、リソースが異なるリージョンに作成されています。

```
$ terraform apply

tokyo_vpc = arn:aws:ec2:ap-northeast-1:123456789012:vpc/vpc-00ab7041616d30
virginia_vpc = arn:aws:ec2:us-east-1:123456789012:vpc/vpc-0bae02c3d1dca7
```

### 19.7.2　モジュールのマルチリージョン定義

ここではvpcモジュールをリスト19.15のように実装します。

リスト19.15: マルチリージョン用のvpcモジュールの定義

```
1: resource "aws_vpc" "default" {
2:   cidr_block = "192.168.0.0/16"
3: }
4:
5: output "vpc_arn" {
6:   value = aws_vpc.default.arn
7: }
```

モジュールをマルチリージョンで定義するには、リスト19.16のように実装します。

リスト19.16: モジュールのマルチリージョン定義

```
 1: module "virginia" {
 2:   source = "./vpc"
 3:
 4:   providers = {
 5:     aws = aws.virginia
 6:   }
 7: }
 8:
 9: module "tokyo" {
10:   source = "./vpc"
11: }
12:
13: output "module_virginia_vpc" {
14:   value = module.virginia.vpc_arn
15: }
16:
17: output "module_tokyo_vpc" {
18:   value = module.tokyo.vpc_arn
19: }
```

4〜6行目のようにprovidersを指定し、バージニア北部リージョンにリソースを作成します。providers指定のないモジュールは、東京リージョンに作成します。applyすると、モジュールで定義したリソースが異なるリージョンに作成されています。

```
$ terraform apply

module_tokyo_vpc = arn:aws:ec2:ap-northeast-1:123456789012:vpc/vpc-03cea6f97bc68d
module_virginia_vpc = arn:aws:ec2:us-east-1:123456789012:vpc/vpc-04c916f989714e
```

## 19.8 Dynamic blocks

Dynamic blocksを使うと、動的にブロック要素を生成できます。第8章のリスト8.2を思い出しましょう。このセキュリティグループでは80番・443番・8080番ポートを許可しました。ここでは同様の定義を、Dynamic blocksで実装します。

### 19.8.1 シンプルなDynamic blocks

リスト19.17のように、simple_security_groupモジュールを定義します。このモジュールの入力パラメータは、ポート番号のリストです。9行目のfor_eachでポート番号の数だけ、ingressブロックを動的に生成します。

リスト19.17: simple_security_groupモジュールの定義

```
 1: variable "ports" {
 2:   type = list(number)
 3: }
 4:
 5: resource "aws_security_group" "default" {
 6:   name = "simple-sg"
 7:
 8:   dynamic "ingress" {
 9:     for_each = var.ports
10:     content {
11:       from_port   = ingress.value
12:       to_port     = ingress.value
13:       cidr_blocks = ["0.0.0.0/0"]
14:       protocol    = "tcp"
15:     }
16:   }
17: }
```

リスト19.18のように、simple_security_groupモジュールを呼び出します。3つのポート番号を渡すと、ingressルールが3つ生成されます。

リスト19.18: simple_security_groupモジュールの利用

```
1: module "simple_sg" {
2:   source = "./simple_security_group"
3:   ports  = [80, 443, 8080]
4: }
```

シンプルなユースケースでは、これで十分です。しかし、特定のポートは特定のネットワークからのみ許可したい、といった複雑なユースケースには対応できません。

### 19.8.2 複雑な Dynamic blocks

たとえば80番ポートはプライベートネットワークのアクセスのみ許可して、443番と8080番はすべてのネットワークのアクセスを許可するとします。これを実現するには、ポート番号と許可するCIDRブロックのペアを、設定できればよいことになります。

ではリスト19.19のように、`complex_security_group`モジュールを定義します。1〜10行目でポート番号とCIDRブロックのペアを、複数の入力パラメータとして渡せるようにします。

なお2行目で、`list`ではなく`map`を使っているのは意図的です。このような複雑なパラメータを渡す場合に`map`を使うと、モジュール呼び出し側で各要素の意図をより明確に表現できます。

リスト19.19: complex_security_groupモジュールの定義

```
 1: variable "ingress_rules" {
 2:   type = map(
 3:     object(
 4:       {
 5:         port        = number
 6:         cidr_blocks = list(string)
 7:       }
 8:     )
 9:   )
10: }
11:
12: resource "aws_security_group" "default" {
13:   name = "complex-sg"
14:
15:   dynamic "ingress" {
16:     for_each = var.ingress_rules
17:     content {
18:       from_port   = ingress.value.port
19:       to_port     = ingress.value.port
20:       cidr_blocks = ingress.value.cidr_blocks
21:       description = "Allow ${ingress.key}"
22:       protocol    = "tcp"
23:     }
24:   }
25: }
```

リスト19.20のように、`complex_security_group`モジュールを呼び出します。`map`でパラメータを渡すようにしているので、各要素に名前をつけることができます。各要素に適切な名前をつければ、より直感的に設定を記述できます。

リスト 19.20: complex_security_group モジュールの利用

```
 1: module "complex_sg" {
 2:   source = "./complex_security_group"
 3:
 4:   ingress_rules = {
 5:     http = {
 6:       port        = 80
 7:       cidr_blocks = ["10.0.0.0/8", "172.16.0.0/12", "192.168.0.0/16"]
 8:     }
 9:     https = {
10:       port        = 443
11:       cidr_blocks = ["0.0.0.0/0"]
12:     }
13:     redirect_http_to_https = {
14:       port        = 8080
15:       cidr_blocks = ["0.0.0.0/0"]
16:     }
17:   }
18: }
```

### 19.8.3　Dynamic blocksの注意点

ここであらためてリスト8.2とリスト19.20を見比べてみます。どちらのほうが読みやすいでしょうか。あるいは、どちらのほうが変更しやすいでしょうか。

人によって意見が分かれるはずです。リスト19.20のほうがコードは短いですが、際立って優れているかと問われれば、そうでもありません。むしろ独自DSLのような印象を受け、あまりメンテナンスしたくないと感じる人もいるでしょう。

Dynamic blocksはRubyのメタプログラミングやJavaのリフレクションに似ています。書くのは楽しいですし、機能も強力ですが、慎ましく使うべきです。

Terraformの公式ドキュメントにも「クリーンなインターフェイスを持った、再利用可能なモジュールを構築するときのみ使用してください」という注意書きがあります[2]。間違っても多用するものではありません。

---

2.https://www.terraform.io/docs/configuration/expressions.html

# 第20章　tfstateファイルの管理

tfstateファイルはデフォルトでローカルに保存されますが、チーム開発でこれは困ります。そこで本章では、リモートのストレージでtfstateファイルを管理する方法を学びます。AWSでは、「S3バケット」または「Terraform Cloud」が有力な選択肢となります。

## 20.1　ステートバケット

tfstateファイルを保存するS3バケットは、バージョニング・暗号化・ブロックパブリックアクセスを設定しましょう。特にバージョニングを設定しておくと、いつでも以前の状態へ戻せるようになり、安心感が圧倒的に向上します。なお本書では実装しませんが、DynamoDBを組み合わせるとロックも可能です。

### 20.1.1　ステートバケットの作成

ステートバケットの作成は、次のようにAWS CLIで行います。

```
$ aws s3api create-bucket --bucket tfstate-pragmatic-terraform \
  --create-bucket-configuration LocationConstraint=ap-northeast-1
```

次にバージョニング設定です。

```
$ aws s3api put-bucket-versioning --bucket tfstate-pragmatic-terraform \
  --versioning-configuration Status=Enabled
```

さらに暗号化も設定します。

```
$ aws s3api put-bucket-encryption --bucket tfstate-pragmatic-terraform \
  --server-side-encryption-configuration '{
  "Rules": [
    {
      "ApplyServerSideEncryptionByDefault": {
        "SSEAlgorithm": "AES256"
      }
    }
  ]
}'
```

最後にブロックパブリックアクセスを設定します。

```
$ aws s3api put-public-access-block --bucket tfstate-pragmatic-terraform \
  --public-access-block-configuration '{
    "BlockPublicAcls": true,
    "IgnorePublicAcls": true,
    "BlockPublicPolicy": true,
    "RestrictPublicBuckets": true
}'
```

これでステートバケットの準備は完了です。

### 20.1.2 ステートバケットの利用

tfstateファイルをS3バケットへ保存するには、リスト20.1のように設定します。なお4行目のkeyは、tfstateファイルごとに異なる任意の値を設定します。

リスト20.1: ステートバケットの利用

```
1: terraform {
2:   backend "s3" {
3:     bucket = "tfstate-pragmatic-terraform"
4:     key    = "example/terraform.tfstate"
5:     region = "ap-northeast-1"
6:   }
7: }
```

そしてinitすると、自動的にS3バケットでtfstateファイルが管理されます。

```
$ terraform init
```

---

#### ステートバケットをTerraformで管理してはいけない

Terraformの公式ドキュメントでは「Terraformで使用されるインフラストラクチャは、Terraformが管理するインフラストラクチャの外部に存在する必要があります」と記述されています[1]。

ベストプラクティスは別のAWSアカウントに存在するS3バケットを使用することです。これはAWS Organizations[2]を導入すれば実現できます。しかしAWS Organizationsは考慮ポイントが多く、本書のスコープを大きく超えます。そこで本書では単純にAWS CLIでバケットを作成し、Terraformの管理外としています。

---

1. https://www.terraform.io/docs/backends/types/s3.html
2. https://docs.aws.amazon.com/ja_jp/organizations/latest/userguide/orgs_introduction.html

## 20.2 Terraform Cloud

Terraform CloudはHashiCorp社が提供しているサービスです。tfstateファイルの保存やロック、履歴管理が行えます。

### 20.2.1 アカウント登録

Terraform Cloudのアカウント登録画面[3]を開きます（図20.1）。次に「(1) USERNAME」「(2) EMAIL」「(3) PASSWORD」をそれぞれ入力します。そして利用規約とプライバシーポリシーを確認し、「(4) I agree to the Terms of Use.」「(5) I acknowledge the Privacy Policy.」をチェックします。最後に「(6) Create account」をクリックすればアカウントが作成されます。

図20.1: アカウント登録画面

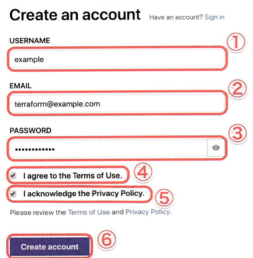
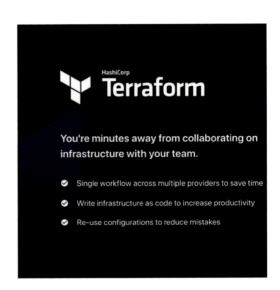

アカウントが作成されると、登録したメールアドレスに確認メールが送られます（図20.2）。メールに記載されているリンクをクリックすると、アカウント登録は完了です。

図20.2: 確認メール

### 20.2.2 Organizationの作成

続いて「Create an Organization」をクリックします（図20.3）。

---

3.https://app.terraform.io/signup/account

図 20.3: Terraform Enterprise の Welcome 画面

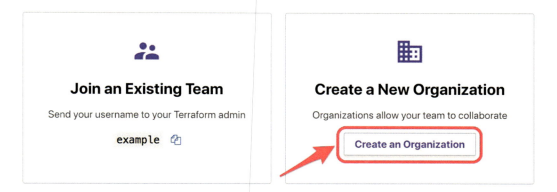

「(1) ORGANIZATION NAME」と「(2) EMAIL ADDRESS」を入力して、「(3) Create organization」をクリックします（図 20.4）。

図 20.4: Organization 作成画面

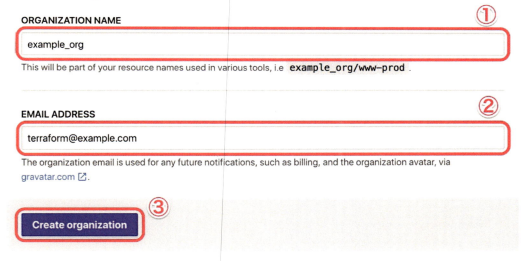

### 20.2.3 トークンの設定

Terraform Cloud にアクセスするためのトークンを生成します。まずトークン生成画面[4]を開き、「(1) DESCRIPTION」を入力して「(2) Generate token」をクリックします（図 20.5）。

---

4.https://app.terraform.io/app/settings/tokens

図 20.5: トークン生成画面

「Copy」をクリックして、生成されたトークンをコピーします（図 20.6）。

図 20.6: トークンのコピー

ホームディレクトリに「`.terraformrc`」ファイルを作成し、リスト 20.2 のように設定します。

リスト 20.2:「~/.terraformrc」ファイルの定義
```
1: credentials "app.terraform.io" {
2:   token = "REPLACE_ME"
3: }
```

2 行目の「`REPLACE_ME`」をコピーしたトークンに差し替えます。これで Terraform Cloud を使うための準備は完了です。

### 20.2.4　Terraform Cloud の利用

tfstate ファイルを Terraform Cloud へ保存するには、リスト 20.3 のように設定します。3 行目の `organization` には、図 20.4 の「Organization 作成画面」で入力した値を使います。6 行目の `workspaces` の `name` には、tfstate ファイルごとに任意の値を指定します。

リスト20.3: Terraform Cloudの利用

```
1: terraform {
2:   backend "remote" {
3:     organization = "example_org"
4:
5:     workspaces {
6:       name = "example_workspace"
7:     }
8:   }
9: }
```

それではinitします。

```
$ terraform init
```

Terraform Cloudへtfstateファイルを保存してみましょう。まず検証用のリソースをリスト20.4のように定義して、applyします。

リスト20.4: Terraform Cloud検証用リソースの定義

```
1: resource "aws_vpc" "example" {
2:   cidr_block = "192.168.0.0/16"
3: }
```

確認のため、ワークスペース一覧画面[5]を開きましょう。リスト20.3のworkspacesで設定した値がリンクとして表示されるので、クリックします（図20.7）。

図20.7: ワークスペース一覧画面

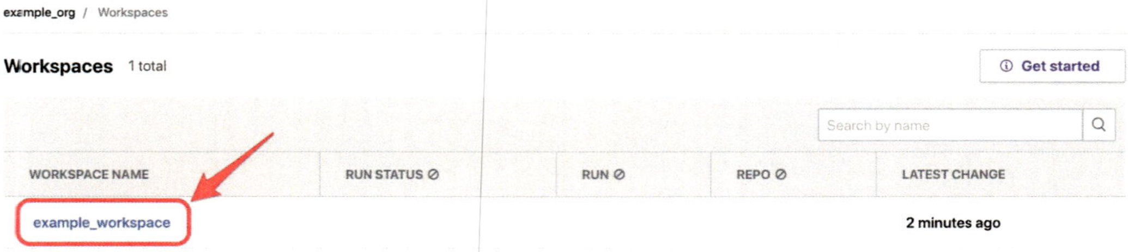

次に最新のステートをクリックします（図20.8）。

---

5.https://app.terraform.io/

第20章 tfstateファイルの管理 | 159

図 20.8: ステート一覧画面

すると、保存された tfstate ファイルを確認できます（図 20.9）。

図 20.9: ステート詳細画面

## 20.2.5 ロックと変更履歴

Terraform Cloud では、ロック機能を提供しています。たとえばリスト 20.4 をリスト 20.5 のように変更しましょう。

リスト 20.5: Terraform Cloud 検証用リソースの変更

```
1: resource "aws_vpc" "example" {
2:   cidr_block = "192.168.0.0/16"
3:
4:   tags = {
5:     Name = "example"
6:   }
7: }
```

ここで apply 実行時に「yes」と入力せず、いったん止めます。

```
$ terraform apply

  Enter a value:
```

この状態でステート一覧画面を開くと、ロックされています（図20.10）。

図20.10: ステート一覧画面によるロックの確認

「Manage lock」をクリックするとロック解除画面が表示され、ロックを解除できます（図20.11）。しかし、ここではなにもせずターミナルに戻り「yes」と入力します。

図20.11: ロック解除画面

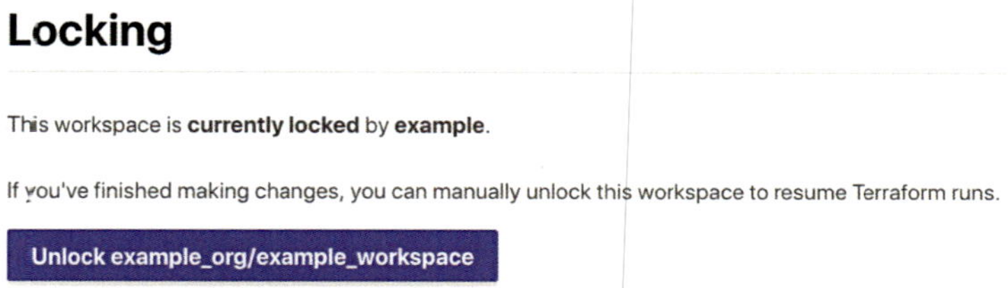

applyすると、ステート一覧画面にステートが増えています。最新のステート詳細画面を開きましょう。そして、下にスクロールすると「Changes in this version」という項目が増え、リスト20.4とリスト20.5の差分が確認できます（図20.12）。

図20.12: ステート詳細画面による差分の確認

# 第21章　構造化

本章のテーマは、コードの構造化です。変更しやすいコードを維持するために構造化は欠かせません。構造化のポイントは「モジュール」「環境」「コンポーネント」の3つです。

## 21.1　モノリス

まずは単一の`main.tf`ファイルに、すべての定義を書きはじめます。

```
└── main.tf
```

しかし、単一ファイルではすぐに見通しが悪くなります。そこで、リソース以外の定義を別ファイルに分離します。リソースは引き続き`main.tf`に定義します。

```
├── main.tf
├── outputs.tf
├── providers.tf
└── variables.tf
```

これでも見通しが悪くなってきたら、リソースごとに定義ファイルを分けます。

```
├── aws_internet_gateway.tf
├── aws_route.tf
├── aws_route_table.tf
├── aws_route_table_association.tf
├── aws_subnet.tf
├── aws_vpc.tf
├── outputs.tf
├── providers.tf
└── variables.tf
```

最初に比べると、かなりファイルが増えましたが、単一ファイルよりはメンテナンス性が高いです。しかし、この素朴な構造はすぐに破綻します。そこで、コードが変更しづらいと感じたら、早めに構造化をはじめましょう。

## 21.2　モジュールの分離

まず、モジュールの分離からはじめます。「5.2.4 IAMロールのモジュール化」や「7.4.2 セキュリ

ティグループのモジュール化」で学んだように、なにかを実現するために、ワンセットで複数のリソースを作成する場合はモジュール化が有効です。

### 21.2.1　別ディレクトリへの分離

プロジェクトルートにmodulesディレクトリを作成し、その配下にモジュールを定義します。分かりやすければ、別のディレクトリ名でも構いません。モジュール呼び出し側のコードと、完全にディレクトリを分離することが重要です。

別ディレクトリにモジュールを実装するメリットは、柔軟に変更しやすいことです。多少モジュール設計に問題があっても、比較的リカバリーが容易です。

### 21.2.2　別リポジトリへの分離

モジュールごとにリポジトリを作成し、それを共有して利用することもできます。一見、魅力的ですが、設計難度は高めです。ある程度の設計スキルと規律あるリリースプロセスが要求されます。

そこで慣れないうちは、同一リポジトリにmodulesディレクトリを作って育てていくことを推奨します。別リポジトリへの分離は「責務が明確」「枯れていて変更頻度が低い」「設定を柔軟にオーバーライドできる」ようなモジュールに限定すべきです。なお、モジュール設計については、第22章であらためて議論します。

## 21.3　独立した環境

本番用、ステージング用、QA用など複数の環境を用意するのは一般的です。当然ながら各環境では、お互いに影響を与えてはいけません。これは、Terraformにおいては「環境ごとに、独立したtfstateファイルで管理すべきである」ことを意味します。

### 21.3.1　ディレクトリ分割

プロジェクトルートへenvironmentsディレクトリを作成し、そこに各環境で必要なリソースを定義します。分かりやすければ、別のディレクトリ名でも構いません。その配下へ環境ごとにディレクトリを分けます。

```
└── environments/
    ├── prod/
    ├── stage/
    └── qa/
```

ディレクトリを分けてtfstateファイルを分離すれば、お互いに影響を与えることはありません。この方式の欠点は、一部パラメータの値が違うだけのコードが、環境の数だけコピーされることです。これは、書籍「Infrastructure as Code[1]」でアンチパターンとして言及されています。しかし、実際には多くの組織で採用されている方式です。

### 21.3.2 Workspaces

Terraformでは単一のコードベースで複数の環境を構築する、Workspaces[2]という機能が提供されています。次のように、ワークスペースを追加します。

```
$ terraform workspace new prod
```

現在のワークスペースを確認します。

```
$ terraform workspace show
prod
```

prodワークスペースを作成しましたが、実はデフォルトのワークスペースが存在します。確認してみましょう。

```
$ terraform workspace list
  default
* prod
```

ワークスペースは次のように切り替えます。

```
$ terraform workspace select default
```

それでは、リスト21.1のようなリソースを定義します。

---

1.https://www.oreilly.co.jp/books/9784873117966/
2.https://www.terraform.io/docs/state/workspaces.html

リスト21.1: ワークスペースでインスタンスタイプを切り替え

```
1: variable "instance_type" {
2:   default = "t3.micro"
3: }
4:
5: resource "aws_instance" "example" {
6:   ami           = "ami-0c3fd0f5d33134a76"
7:   instance_type = var.instance_type
8: }
```

defaultワークスペースでapplyすると、インスタンスタイプはt3.microです。

```
$ terraform apply
```

今度はprodワークスペースに切り替えます。

```
$ terraform workspace select prod
```

次にprodワークスペースで使う「**prod.tfvars**」ファイルを、リスト21.2のように定義しましょう。このファイルにprodワークスペース固有の設定を記述します。

リスト21.2: ワークスペース固有の設定

```
1: instance_type = "m5.large"
```

このファイルを指定してapplyします。すると、インスタンスタイプがm5.largeのEC2インスタンスが作成されます。

```
$ terraform apply -var-file=prod.tfvars
```

重要なポイントは、「**ワークスペースごとにtfstateファイルが異なる**」ことです。このようにWorkspacesを使えば、複数環境で同じコードを使うことができます。環境差異は最小限に保たれ、その環境差異も明示的に定義できます。

いいことずくめに感じられますが、運用難度が高いのか本番運用の事例はほとんど見つかりません[3]。著者自身も本番運用の経験はないため、本書では機能紹介に留めます。

---

[3] 2018年9月に行われたHashiCorpJapan MeetupでもWorkspaces利用者は少数派で、大多数はディレクトリ分割を行っていました。

## 21.4 コンポーネント分割

環境は分かりやすい境界です。ひとつの環境につき、ひとつのtfstateファイルというのは素直な考え方です。しかし、この考え方にはデメリットがあります。ひとつのtfstateファイルでその環境のすべてのリソースを管理すると、ひとつのミスが全体に影響を与えてしまいます。また、Terraformの実行にも時間がかかります。そこで、環境を複数のコンポーネントに分割しましょう。

### 21.4.1 安定度

安定度が高いものを別のコンポーネントとして分離します。「安定度が高い」とは、変更しづらく、他の多数のコンポーネントから依存されるコンポーネントを指します。ネットワーク系リソースはその典型です。VPCやサブネットのIDは他のコンポーネントから頻繁に参照されますが、めったに変更しません。このようなリソースは独立して管理します。

なお、安定度が高いコンポーネントは、変動を想定したコンポーネントに依存してはいけません。**変動を想定したコンポーネントが、安定度の高いコンポーネントに依存します**。この依存方向は極めて重要です。

### 21.4.2 ステートフル

データは資産です。Terraformでは簡単にストレージやデータストアを作成できますが、データは作れません。RDSやS3などはステートフルなコンポーネントの代表例です。これらが誤って削除されては目も当てられません。

そこで、ステートフルなリソースは隔離します。特に、RDSのような価値の高いリソースであれば、インスタンス単位で分割してもよいくらいです。たったそれだけで、他リソースの変更の影響を受けないことが保証されます。

もちろん、ステートフルなリソースはコンポーネントの分割だけでなく、削除保護やバックアップ・レプリケーションなどの設定を適切に行い、二重三重で安全策を講じるべきです。

### 21.4.3 影響範囲

障害発生時に、エンドユーザーに直接影響が出るコンポーネントは、そうでないコンポーネントと分離します。たとえば、ECSの変更で問題が発生すると、サービスがダウンするかもしれません。一方で、デプロイメントパイプラインに問題が発生しても、サービスダウンまではしないでしょう。

影響範囲の異なるものを分けておくと、システムがコントローラブルになります。自分の行う変更の影響範囲を正しく認識できれば、正しく行動できる可能性が高まります。また、万が一問題が発生しても、影響範囲が明確であれば落ち着いて対処できます。

### 21.4.4 組織のライフサイクル

IAMユーザーなどのユーザーアカウントは、システムのライフサイクルとは異なるライフサイクルで変更されます。組織変更もあれば、入社や退職による人の入れ替わりもあります。この「組織のライフサイクル」は、システムとは無関係です。

そこで、組織のライフサイクルに関わるリソースは、独立したコンポーネントとして管理します。

### 21.4.5 関心事の分離

ソフトウェア設計の基本原則に「**関心事の分離**」というものがあります。ソフトウェアの「異なる関心事は、異なる部分に分ける」という考え方です。ここまで、コンポーネント分割の指針をいくつか述べてきましたが、これらはすべて関心事の分離を行っているにすぎません。

そこでコンポーネント分割において、念頭におくべきは「**このコンポーネントの関心事はなにか**」という問いです。この問いは、コンポーネントの境界を決めるにあたって核心となる問いであり、応用範囲が広いです。この考え方をベースにすれば、どこでコンポーネントを分割すべきか、適切に判断できるようになります。

## 21.5 依存関係の制御

コンポーネント分割を行う場合には、依存関係に注意します。**絶対に避けるべきは「循環依存」**です。循環依存があると、お互いの変更が、お互いに影響を与えて壊れやすくなります。依存する側とされる側は明確に区別し、依存関係を単方向に保ちましょう。

残念ながらTerraform自体には、tfstateファイル間の循環依存を検出する仕組みはないため、設計のタイミングで気をつけるしかありません。PlantUMLなどを使って、コンポーネント間の依存関係を図示しておくと役立ちます。

また、「21.4.1 安定度」でも述べたとおり、安定度の高い方向に依存することも重要です。依存される側は責務を明確にして、小さく保ちましょう。シンプルであることは、システムの進化可能性に大きく寄与します。

# 第22章 モジュール設計

本章のテーマはモジュール設計です。最初にモジュールの設計原則について議論します。その後、標準化されているモジュールの実装方式について触れ、Terraform Module Registryでモジュールを公開します。

## 22.1 モジュールの設計原則

Terraformのモジュールをどのように設計すればよいか、という明確なガイドラインは存在しません。しかし、一般的なソフトウェア設計の原則はヒントになります。

### 22.1.1 Small is beautiful

モジュールが小さければ、理解することは簡単です。変更することも簡単です。約束しすぎないことが重要です。入力値と出力値は、パブリックAPIとなります。追加は簡単ですが、削除は難しいです。**あらゆるユースケースに対応したくなる衝動をこらえ、シンプルに保つことが大切です。**

### 22.1.2 疎結合

Terraformのモジュールは、他のモジュールに依存すべきではありません。他のモジュールへ依存すると、変更が難しくなります。過度なDRYを求めるより、各々のモジュールでベタに書いたほうが、変更容易性を保ちやすいです。他のモジュールと組み合わせる仕事は、モジュール利用者に任せましょう。

### 22.1.3 高凝集

同じタイミング、同じ理由で変更するリソースはひとまとめにします。そうでないものは分離します。モジュール利用者に、不要なリソースへ依存させてはいけません。モジュールで作成するリソースがすべて利用されるように設計しましょう。使われない可能性があるリソースは、モジュールに含めるべきではありません。

### 22.1.4 認知的負荷

モジュールの入力値から必須項目を減らし、オプション項目を増やしましょう。大量の必須項目があると「**認知的負荷**」が高くなります。

オプション項目を増やすには、多くのモジュール利用者が安全かつ効果的に使えるデフォルト値を定義する必要があります。そのために、主要なユースケースを明確にしましょう。ユースケースを明確にできないのであれば、モジュール化はまだ早いです。

主要なユースケースで機能するデフォルト値を定義し、必要な項目のみオーバーライドできるよ

うになれば、利便性と柔軟性が両立します。必須項目が少ないほど、誤用が防止できます。優れたデフォルト値の提供は、知見共有のもっとも優れた方法です。

## 22.2 優れたモジュールの構成要素

Terraformでは、モジュールの実装方式が標準化されています[1]。

### 22.2.1 Standard Module Structure

モジュールに推奨されるディレクトリ構造やファイル名は、「**Standard Module Structure**」に規定されています。Standard Module Structureは、次のようなファイルレイアウトになっています。

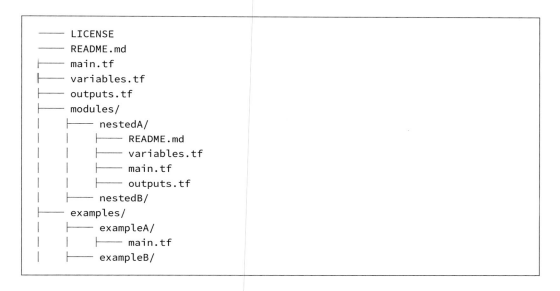

Standard Module Structureの構成要素は次のとおりです。

**ルートモジュール**

これが唯一の必須要件です。tfファイルはモジュールのルートディレクトリに存在しなければなりません。

**main.tf・variables.tf・outputs.tf**

空の場合でも最低限用意すべきファイルです。main.tfがエントリポイントになります。variables.tfとoutputs.tfは、モジュールの入力値と出力値を定義します。

リスト22.1のように、すべての「variable」と「output」でdescriptionを定義しましょう。descriptionは、「22.2.2 ドキュメンテーション」で必要になります。自明と感じられても、すべてにdescriptionを書くことが推奨されています。

---
[1] https://www.terraform.io/docs/modules/create.html

リスト22.1: descriptionの定義

```
1: variable "cidr_block" {
2:   description = "The CIDR block for the VPC."
3: }
4:
5: output "vpc_id" {
6:   value       = aws_vpc.example.id
7:   description = "The ID of the VPC."
8: }
```

### README

READMEまたはREADME.mdを作成します。記述内容については「22.2.2 ドキュメンテーション」で掘り下げます。

### LICENSE

モジュールのライセンスファイルです。特に、公開モジュールの場合は作成すべきでしょう。多くの公開モジュールでは、Apache License 2.0かMITが選択されています。

### Nested modules

ネストしたモジュールを定義する場合は、modules配下のサブディレクトリに作成します。モジュールの実装が複雑化する場合に使います。

### Examples

モジュールの利用例をexamples配下のサブディレクトリに作成します。モジュール利用者が困らないように、サンプルコードを提供しましょう。

### 22.2.2 ドキュメンテーション

せっかくステキなモジュールを実装したのであれば、それを利用者にしっかり伝えましょう。特殊なことはなにもありません。当たり前のことを当たり前に書くだけです。

### 概要

どんな目的で使うか、どんなリソースが作成されるかなどを記述します。設計で工夫したポイントを列挙して、使うかどうかの判断材料を提供するのもよいでしょう。

### 使い方

最低でもひとつ以上の例を用いて、使い方が分かるようにします。examples配下にいくつも例がある場合は、代表的なものに絞って紹介しましょう。

### 入力値と出力値

事前準備として、「variable」と「output」にdescriptionを定義します。そして、terraform-docs[2]で自動生成した内容を貼りつけましょう。

### その他

ContributionやLICENSE、Authorなどを、一般的なOSSと同様に記述します。

## 22.2.3　バージョニング

モジュールにはバージョンを定義します。同じバージョンのモジュールを使う場合は、常に同じ結果になることを保証しなければなりません。

### セマンティックバージョニング

バージョニングには「**セマンティックバージョニング**[3]」を採用します。「x.y.z」形式のよくあるバージョニングです。セマンティックバージョニングでは、バージョンアップを次のように行います。

- 後方互換性のない変更はメジャーバージョン（X部分）を上げる
- 後方互換性がある機能追加はマイナーバージョン（Y部分）を上げる
- 後方互換性があるバグ修正はパッチバージョン（Z部分）を上げる

必須パラメータの名前を変更したり、モジュールの責務が大きく変わった場合は、メジャーバージョンを上げます。パラメータを追加しただけならマイナーバージョンを上げます。機能変更のないバグ修正であればパッチバージョンを上げます。

一度モジュールをリリースしたら、そのバージョンを修正してはいけません。モジュールを修正するなら、バージョンもあわせて上げます。

### Gitタグ

バージョンの定義には、Gitのタグを用います。単純に「x.y.z」形式で、Gitタグを打ってプッシュするだけです。

```
$ git tag 1.0.0
$ git push origin 1.0.0
```

## 22.2.4　バージョン制約

モジュール呼び出し側のTerraform本体やプロバイダに、バージョン制約をかけます。

### Terraform本体のバージョン制約

Terraform本体のバージョン制約は、リスト22.2のように定義します。

---

[2] https://github.com/segmentio/terraform-docs
[3] https://semver.org/lang/ja/

リスト22.2: Terraform本体のバージョン制約

```
1: terraform {
2:   required_version = ">= 0.12.0"
3: }
```

モジュールでは完全にバージョンを固定するのではなく、最小バージョンのみ制限します。これにより互換性のあるもっとも古いバージョンを指定しつつ、将来のバージョンでも使用可能にします。

**プロバイダのバージョン制約**

プロバイダのバージョン制約は、リスト22.3のように定義します。

リスト22.3: プロバイダのバージョン制約

```
1: terraform {
2:   required_providers {
3:     aws = ">= 2.7.0"
4:   }
5: }
```

Terraform本体と同様にプロバイダのバージョンも、最小バージョンのみ制限します。

## 22.3 公開モジュール

Terraformでは公式に、「**Terraform Module Registry**」というDocker Hubのようなサービスが提供されており、誰でもモジュールが公開できます。

公開モジュールの実装にあたっては「22.2.1 Standard Module Structure」「22.2.2 ドキュメンテーション」「22.2.3 バージョニング」への対応が必須です[4]。なお「22.2.4 バージョン制約」も必須ではありませんが、対応することが望ましいです。

### 22.3.1 GitHub

公開モジュールは、GitHubのパブリックリポジトリで管理する必要があります。リポジトリのDescriptionの内容は、Terraform Module Registryにも反映されるため、モジュールの概要を端的に書いておくとよいでしょう。

リポジトリの命名規則も決まっており「`terraform-<PROVIDER>-<NAME>`」という形式で命名します。AWS用のモジュールであれば、PROVIDERは「aws」となります。たとえば「`terraform-aws-ec2-instance`」や「`terraform-aws-vpc`」という名前にします。

---

[4].https://www.terraform.io/docs/registry/modules/publish.html

### 22.3.2 Terraform Module Registry

GitHubにモジュールをプッシュしたら、Terraform Module Registry[5]をブラウザーで開いて「(1) Sign-in」します（図22.1）。

GitHubアカウントでSign-inしたら、次に「(2) Publish」をクリックします。

図22.1: Terraform Module Registry

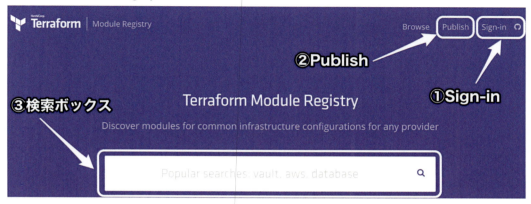

すると、図22.2のようなモーダルが開き「(1) Select Repository on GitHub」からリポジトリを選択できます。目的のリポジトリを選択して「(2) PUBLISH MODULE」をクリックすれば、モジュールが公開されます。

図22.2: リポジトリの選択

### 22.3.3 バージョンアップ

一度Terraform Module Registryで公開すれば、モジュールのバージョンアップは簡単です。コードを修正して、新しいバージョンでGitタグを打ち、GitHubにプッシュします。すると、Terraform Module Registryへ自動的に反映されます。

---

5.https://registry.terraform.io/

### 22.3.4 公開モジュールの利用

モジュールが公開できたので使ってみましょう。

#### 公開モジュールの呼び出し

公開モジュールは、moduleのsourceに「<NAMESPACE>/<NAME>/<PROVIDER>」形式でモジュールを指定すれば使えます。「NAMESPACE」はGitHubのユーザー名か組織名を指定します。リスト22.4はterraform-aws-ec2-instanceモジュールの利用例です[6]。

リスト22.4: 公開モジュールの利用例

```
1: module "ec2_instance" {
2:   source  = "terraform-aws-modules/ec2-instance/aws"
3:   version = "2.6.0"
4:
5:   # モジュールのパラメータの定義
6: }
```

#### 公開モジュールの検索

Terraform Module Registryでは、他の人が公開しているモジュールを検索できます。Terraform Module Registryのトップページ（図22.1）に移動し、「(3) 検索ボックス」に適当なキーワードを入力して検索しましょう。

たとえば「security group」で検索した場合、図22.3のように表示されます。ここでは「(1)『aws』プロバイダで絞り込み」かつ「(2) Verifiedモジュール[7]以外も含める」ようにしています。

図22.3: モジュールの検索結果

公開モジュールはそのまま利用しても便利ですが、自分でコードを書くときのリファレンス実装としても役立ちます。特にCloud Posse社[8]の公開モジュールは必見です。

---

6.https://github.com/terraform-aws-modules/terraform-aws-ec2-instance
7.https://www.terraform.io/docs/registry/modules/verified.html
8.https://github.com/cloudposse/

# 第23章 リソース参照パターン

本章では異なるtfstateファイルのリソースの参照方法を学びます。リソースの参照方法を適切に選択すると、tfstateファイル間の結合度が下がり、変更に強くなります。

## 23.1 リテラル

異なるtfstateファイルのリソースを参照する、もっとも簡単な方法は「リテラル」です。本章では次のようなファイルレイアウトで実装します。networkディレクトリで定義したリソースを、serverディレクトリから参照します。

```
├── network/
│   └── main.tf
└── server/
    └── main.tf
```

### 23.1.1 参照対象のリソースの定義

networkディレクトリに、リスト23.1のようにリソースを定義します。

リスト23.1: networkディレクトリのリソース定義

```
 1: resource "aws_vpc" "staging" {
 2:   cidr_block = "192.168.0.0/16"
 3: }
 4:
 5: resource "aws_subnet" "public_staging" {
 6:   vpc_id     = aws_vpc.staging.id
 7:   cidr_block = "192.168.0.0/24"
 8: }
 9:
10: output "vpc_id" {
11:   value = aws_vpc.staging.id
12: }
13:
14: output "subnet_id" {
15:   value = aws_subnet.public_staging.id
16: }
```

applyします。VPCとサブネットのIDは、のちほど使います。

```
$ terraform apply

subnet_id = subnet-061f6902b04084ae0
vpc_id = vpc-0e3b095e9b542004c
```

### 23.1.2 リテラルによる参照

serverディレクトリでは、リスト23.2のようにリテラルを定義します。

リスト23.2: リテラルの定義
```
 1: locals {
 2:   vpc_id    = "vpc-0e3b095e9b542004c"
 3:   subnet_id = "subnet-061f6902b04084ae0"
 4: }
```

そしてリスト23.3のように、リソースを参照します。

リスト23.3: リテラルによるリソースの参照
```
 1: resource "aws_instance" "server" {
 2:   ami                    = "ami-0c3fd0f5d33134a76"
 3:   instance_type          = "t3.micro"
 4:   vpc_security_group_ids = [aws_security_group.server.id]
 5:   subnet_id              = local.subnet_id
 6: }
 7:
 8: resource "aws_security_group" "server" {
 9:   vpc_id = local.vpc_id
10: }
```

この素朴な方法は、Terraform管理外のリソースも含め、制約なく参照できます。しかし変更には弱いため、最後の手段にすべきです。

## 23.2 リモートステート

「**リモートステート**」では、リモートのストレージに保存されているtfstateファイルの値を参照します。

### 23.2.1 バックエンドの定義

networkディレクトリに、リスト23.4のようにbackend定義を追加します。

リスト 23.4: リモートステートのために backend を定義

```
1: terraform {
2:   backend "s3" {
3:     bucket = "tfstate-pragmatic-terraform"
4:     key    = "network/terraform.tfstate"
5:     region = "ap-northeast-1"
6:   }
7: }
```

### 23.2.2　リモートステートによる参照

serverディレクトリでは、リスト23.5のようにterraform_remote_stateデータソースを定義します。

リスト 23.5: リモートステートの定義

```
1: data "terraform_remote_state" "network" {
2:   backend = "s3"
3:
4:   config = {
5:     bucket = "tfstate-pragmatic-terraform"
6:     key    = "network/terraform.tfstate"
7:     region = "ap-northeast-1"
8:   }
9: }
```

そしてリスト23.6のように、リモートステート経由でリソースを参照します。

リスト 23.6: リモートステートによるリソースの参照

```
 1: resource "aws_instance" "server" {
 2:   ami                    = "ami-0c3fd0f5d33134a76"
 3:   instance_type          = "t3.micro"
 4:   vpc_security_group_ids = [aws_security_group.server.id]
 5:   subnet_id              = data.terraform_remote_state.network.outputs.subnet_id
 6: }
 7:
 8: resource "aws_security_group" "server" {
 9:   vpc_id = data.terraform_remote_state.network.outputs.vpc_id
10: }
```

リモートステートでは、異なる種類の複数のリソースを参照できます。また、参照したいリソー

スをoutput定義すれば、あらゆるリソースが参照可能です。

一方でリモートステートを使うと、tfstateファイル間の結合度は上がります。「21.5 依存関係の制御」でも述べたとおり、循環依存には特に注意が必要です。

## 23.3 SSMパラメータストア連携

SSMパラメータストアを使うと、任意の値をグローバル変数のように扱えます。

### 23.3.1 SSMパラメータストアの定義

networkディレクトリで、リスト23.7のようにSSMパラメータストアへ値を格納します。nameで指定するキー名は、値の参照時に使います。

リスト23.7: SSMパラメータストアへ値を格納

```
 1: resource "aws_ssm_parameter" "vpc_id" {
 2:   name  = "/staging/vpc/id"
 3:   value = aws_vpc.staging.id
 4:   type  = "String"
 5: }
 6:
 7: resource "aws_ssm_parameter" "subnet_id" {
 8:   name  = "/staging/public/subnet/id"
 9:   value = aws_subnet.public_staging.id
10:   type  = "String"
11: }
```

### 23.3.2 SSMパラメータストアによる参照

serverディレクトリでは、リスト23.8のようにaws_ssm_parameterデータソースを定義します。

リスト23.8: SSMパラメータストアの値の参照

```
1: data "aws_ssm_parameter" "vpc_id" {
2:   name = "/staging/vpc/id"
3: }
4:
5: data "aws_ssm_parameter" "subnet_id" {
6:   name = "/staging/public/subnet/id"
7: }
```

そしてリスト23.9のように、リソースを参照します。

リスト23.9: SSMパラメータストアによるリソースの参照

```
 1: resource "aws_instance" "server" {
 2:   ami                    = "ami-0c3fd0f5d33134a76"
 3:   instance_type          = "t3.micro"
 4:   vpc_security_group_ids = [aws_security_group.server.id]
 5:   subnet_id              = data.aws_ssm_parameter.subnet_id.value
 6: }
 7:
 8: resource "aws_security_group" "server" {
 9:   vpc_id = data.aws_ssm_parameter.vpc_id.value
10: }
```

この方法はリモートステートと比較すると、tfstateファイル間の結合度を低減できます。SSMパラメータストアのキー名以外には、networkディレクトリとserverディレクトリに依存関係はありません。

ただし、SSMパラメータストアの値が誤っていても、plan時にエラーにはなりません。常に正しい値をSSMパラメータストアへ格納することが前提となります。

また、キー名の設計も課題になりやすいです。SSMパラメータストアには、Terraform以外で利用する設定情報も格納されます。そのため、命名規則を決めておかないと、混乱を招く可能性があります。

## 23.4 データソースと依存関係の分離

各リソースに対応したデータソースを使って、リソースを参照できます。データソースでは、**存在しないリソースを指定するとplanでエラーになります**。apply前にエラーで検知できると、Terraformの安定運用に大きく寄与します。

### 23.4.1 参照対象のリソースへタグを追加

networkディレクトリのリスト23.1をリスト23.10のように修正し、タグを追加します。

リスト23.10: networkディレクトリのリソース定義の修正

```
 1: resource "aws_vpc" "staging" {
 2:   cidr_block = "192.168.0.0/16"
 3:   tags = {
 4:     Environment = "Staging"
 5:   }
 6: }
 7:
 8: resource "aws_subnet" "public_staging" {
 9:   vpc_id     = aws_vpc.staging.id
```

```
10:   cidr_block = "192.168.0.0/24"
11:   tags = {
12:     Environment   = "Staging"
13:     Accessibility = "Public"
14:   }
15: }
```

### 23.4.2 データソースによる参照

serverディレクトリでは、リスト23.11のようにデータソースを定義します。

リスト23.11: 識別子によるデータソースの定義
```
1: data "aws_vpc" "staging" {
2:   id = "vpc-0e3b095e9b542004c"
3: }
4:
5: data "aws_subnet" "public_staging" {
6:   id = "subnet-061f6902b04084ae0"
7: }
```

リスト23.11で定義したデータソースは、リスト23.12のように使用します。

リスト23.12: データソースによるリソースの参照
```
 1: resource "aws_instance" "server" {
 2:   ami                    = "ami-0c3fd0f5d33134a76"
 3:   instance_type          = "t3.micro"
 4:   vpc_security_group_ids = [aws_security_group.server.id]
 5:   subnet_id              = data.aws_subnet.public_staging.id
 6: }
 7:
 8: resource "aws_security_group" "server" {
 9:   vpc_id = data.aws_vpc.staging.id
10: }
```

この方法は参照先のリソースが再作成されて識別子が変わった場合、コードの修正が必要です。つまり、実装への依存度が高めです。

そこで識別子以外の使用を検討しましょう。たとえばリスト23.11をリスト23.13のように変更し、タグに基づいて参照します。

リスト23.13: タグによるデータソースの定義

```
 1: data "aws_vpc" "staging" {
 2:   tags = {
 3:     Environment = "Staging"
 4:   }
 5: }
 6:
 7: data "aws_subnet" "public_staging" {
 8:   tags = {
 9:     Environment   = "Staging"
10:     Accessibility = "Public"
11:   }
12: }
```

　タグに基づいた参照は、networkディレクトリのtfstateファイルに一切依存しません。リソースの識別子も不要です。つまり実装に依存しません。タギングのルール以外には、networkディレクトリとserverディレクトリに依存関係はありません。

　タグ以外ではfilterによる参照も役立ちます。タギングすることなく、特定の条件に合致するリソースを参照できます。たとえばリスト23.14のように、フィルタリング条件を指定できます。

リスト23.14: フィルタによるデータソースの定義

```
 1: data "aws_vpc" "staging" {
 2:   tags = {
 3:     Environment = "Staging"
 4:   }
 5: }
 6:
 7: data "aws_subnet" "public_staging" {
 8:   filter {
 9:     name   = "vpc-id"
10:     values = [data.aws_vpc.staging.id]
11:   }
12:
13:   filter {
14:     name   = "cidr-block"
15:     values = ["192.168.0.0/24"]
16:   }
17: }
```

　データソースによって指定可能なパラメータは異なるため、すべてのケースでこれらの方法が使えるわけではありません。しかしデータソースを上手に使うと、依存関係を最小化できます。

第23章 リソース参照パターン

## 23.5 Data-only Modules

モジュールは通常、関連する複数のリソースを定義するために使います。しかし、「**Data-only Modules**[1]」と呼ばれるモジュールはデータソースのみ定義します。

### 23.5.1 Data-only Modulesの定義

ここでは`server`ディレクトリを、次のようなファイルレイアウトで実装します。

```
server/
├── main.tf
└── staging_network/
    └── main.tf
```

`staging_network`モジュールを、リスト23.15のように定義します。

リスト23.15: Data-only Modulesの定義

```
 1: data "aws_vpc" "main" {
 2:   tags = {
 3:     Environment = "Staging"
 4:   }
 5: }
 6:
 7: data "aws_subnet" "public" {
 8:   tags = {
 9:     Environment   = "Staging"
10:     Accessibility = "Public"
11:   }
12: }
13:
14: output "vpc_id" {
15:   value       = data.aws_vpc.main.id
16:   description = "The ID of the Staging VPC."
17: }
18:
19: output "public_subnet_id" {
20:   value       = data.aws_subnet.public.id
21:   description = "The ID of the Public Subnet."
22: }
```

---

1.https://www.terraform.io/docs/modules/composition.html

### 23.5.2　Data-only Modulesによる参照

リスト23.16のように、staging_networkモジュールを利用します。

リスト23.16: Data-only Modulesの利用

```
 1: module "staging_network" {
 2:   source = "./staging_network"
 3: }
 4:
 5: resource "aws_instance" "server" {
 6:   ami                    = "ami-0c3fd0f5d33134a76"
 7:   instance_type          = "t3.micro"
 8:   vpc_security_group_ids = [aws_security_group.server.id]
 9:   subnet_id              = module.staging_network.public_subnet_id
10: }
11:
12: resource "aws_security_group" "server" {
13:   vpc_id = module.staging_network.vpc_id
14: }
```

　Data-only Modulesにはいくつか利点があります。まずモジュール実装の柔軟性です。リスト23.15ではタグによる参照をしていますが、リモートステートやリテラルを使っても問題ありません。出力値として「vpc_id」と「public_subnet_id」さえ定義されていればいいのです。Data-only Modulesはリソースの参照方法を完璧にカプセル化します。

　また入力値と出力値が明確に定義され、きちんとドキュメンテーションされたモジュールは利便性が高いです。ステージング環境のネットワークリソースを参照したければ、staging_networkモジュールを呼び出すだけです。

　もちろんモジュールなので、異なる複数のコードから呼び出せます。複数のコードでData-only Modulesを使うと、一貫性が向上して読みやすくなります。コードが読みやすければ、メンテナンス性が向上します。

# 第24章　リファクタリング

　本章では「`terraform state`」コマンドを中心とした、リファクタリングについて学びます。Terraformのリファクタリングでは、コード修正だけでなくtfstateファイルの操作を行います。そのため一般的なアプリケーションコードよりも難易度が高いです。

## 24.1　tfstateファイルのバックアップ

　Terraformのリファクタリングでは、tfstateファイルを書き換えます。万が一に備え、書き換えたtfstateファイルを戻せるようにしておくと安心です[1]。たとえばS3バケットにtfstateファイルを保存しているなら、バージョニング設定をしましょう。

　またterraform stateコマンドでは、副作用の有無を意識します。コマンドによってtfstateファイルの書き換えを伴うか変わるため、この区別は重要です。

## 24.2　ステートの参照

　まずは副作用のない、参照系の操作です。参照対象のリソースをリスト24.1のように実装します。なお、`null_resource`リソースはなにもしない特殊なリソースです[2]。リスクなくリファクタリングの操作を試せるため、本章ではこのリソースを使います。

リスト24.1: ステート参照用リソースの定義
```
1: resource "null_resource" "foo" {}
2: resource "null_resource" "bar" {}
```

　applyします。出力されている各リソースのidは、のちほど使います。

```
$ terraform apply
null_resource.foo: Creation complete after 0s [id=4664659068613306937]
null_resource.bar: Creation complete after 0s [id=2537531768797825660]
```

### 24.2.1　terraform state list

　`terraform state list`コマンドは、定義されているリソースを一覧できます。

---
[1].terraform state コマンドも自動で、ローカルにバックアップファイルを残してくれます。
[2].https://www.terraform.io/docs/providers/null/resource.html

```
$ terraform state list
null_resource.bar
null_resource.foo
```

IDからリソース名を逆引きすることもできます。

```
$ terraform state list -id=4664659068613306937
null_resource.foo
```

### 24.2.2 terraform state show

`terraform state show`コマンドは、指定したリソースの詳細を参照できます。ピンポイントでリソースの状態を知りたい場合に役立ちます。

```
$ terraform state show null_resource.foo
# null_resource.foo:
resource "null_resource" "foo" {
    id = "4664659068613306937"
}
```

### 24.2.3 terraform state pull

`terraform state pull`コマンドは、tfstateファイルを標準出力します。tfstateファイルの管理がローカルでも、リモートでも同様に動作します。

```
$ terraform state pull
{
  "version": 4,
  "terraform_version": "0.12.5",
  "serial": 1,
  "lineage": "d9b40bcc-d69b-b101-476e-f94da261ec8c",
  "outputs": {},
  "resources": [
    {
      "mode": "managed",
      "type": "null_resource",
      "name": "bar",
      "provider": "provider.null",
      "instances": [
        {
          "schema_version": 0,
          ......
```

第24章 リファクタリング

## 24.3 ステートの上書き

ここから先は、tfstateファイルの書き換えを伴う操作です。まずは、tfstateファイルを上書きします。上書き対象のリソースをリスト24.2のように実装し、applyします。

リスト24.2: 上書き前のリソース定義
```
1: resource "null_resource" "foo" {}
```

### 24.3.1 tfstateファイルの書き換え

上書き対象のtfstateファイルを取得します。次のようにterraform state pullコマンドを実行し、出力を「terraform.tfstate.overwrite」ファイルに保存します。

```
$ terraform state pull > terraform.tfstate.overwrite
```

一部の記述を書き換えます。ここではリソース名をoverwriteに書き換えます。

```
$ sed -i '' 's/foo/overwrite/' terraform.tfstate.overwrite
```

またtfstateファイルを上書きするには、「serial」の変更が必要です。そこで、現在のserialを確認しましょう。

```
$ grep serial terraform.tfstate.overwrite
  "serial": 1,
```

serialが「1」なので「2」にインクリメントします。

```
$ sed -i '' 's/"serial": 1/"serial": 2/' terraform.tfstate.overwrite
```

これで上書きするtfstateファイルは完成です。

### 24.3.2 terraform state push

terraform state pushコマンドで、tfstateファイルを上書きします。

```
$ terraform state push terraform.tfstate.overwrite
```

terraform state pullコマンドを実行すると、上書きされたことを確認できます。ただし、コードを修正せずにtfstateファイルを上書きしたため、planで差分が出ます。

```
$ terraform plan

  # null_resource.foo will be created
  + resource "null_resource" "foo" {
      + id = (known after apply)
    }

  # null_resource.overwrite will be destroyed
  - resource "null_resource" "overwrite" {
      - id = "5573668810466503670" -> null
    }

Plan: 1 to add, 0 to change, 1 to destroy.
```

リスト24.2をリスト24.3のように書き換えると、差分がなくなります。

リスト24.3: 上書き後のリソース定義
```
1: resource "null_resource" "overwrite" {}
```

最後に注意喚起です。ここで紹介したterraform state pushコマンドは、Terraformの中でもっとも危険なコマンドです。tfstateファイルの中身は実装詳細であり、直接書き換えるのはかなりのリスクを伴います。**基本的に使うべきではありません。**

ただし、「24.6 tfstateファイル間の移動」では必要になります。またTerraformのバグを踏んだ場合に、どうしても必要になることがあります。terraform state pushコマンドは、いわば伝家の宝刀です。いざというときの最終手段として扱いましょう。

## 24.4 ステートからリソースを削除

リソース自体はそのままに、Terraform管理外にしたい場合があります。そんなときは、tfstateファイルからリソースを削除します。削除対象のリソースをリスト24.4のように実装します。

リスト24.4: ステート削除対象のリソース定義
```
1: resource "aws_instance" "remove" {
2:   ami           = "ami-0c3fd0f5d33134a76"
3:   instance_type = "t3.micro"
4: }
```

applyします。出力されているインスタンスIDは、のちほど使います。

```
$ terraform apply
aws_instance.remove: Creation complete after 13s [id=i-0db4d9e6269321dba]
```

### 24.4.1 terraform state rm

次のように terraform state rm コマンドを実行します。これで tfstate ファイルからリソースが削除され、Terraform の管理外となります。

```
$ terraform state rm aws_instance.remove
```

### 24.4.2 リソースの存在確認

しかし、リソース自体は削除されていません。次のように AWS CLI を実行します。すると、リソース自体に影響していないことが分かります。

```
$ aws ec2 describe-instances --instance-ids i-0db4d9e6269321dba \
  --output text --query 'Reservations[0].Instances[0].State.Name'
running
```

## 24.5 リネーム

Terraform でリソースを作成後、リネームしたくなることがあります。たとえばリスト 24.5 のようなコードを apply します。

リスト 24.5: リネーム前のリソース定義
```
1: resource "null_resource" "before" {}
```

そしてリスト 24.6 のように、リソース名を変更します。

リスト 24.6: リネーム後のリソース定義
```
1: resource "null_resource" "after" {}
```

コードを変更したら plan を実行します。

```
$ terraform plan
  # null_resource.after will be created
  + resource "null_resource" "after" {
      + id = (known after apply)
    }

  # null_resource.before will be destroyed
  - resource "null_resource" "before" {
      - id = "7338606862159768028" -> null
    }
```

するとリソースの再作成が予告されます。これはTerraformの挙動としては正しいですが、意図した挙動ではありません。

こんなときは、terraform state mvコマンドを使いましょう。

### 24.5.1　terraform state mvによるリソースのリネーム

まずはリソースのリネームからです。ここで一度、現在のリソース名を確認します。

```
$ terraform state list
null_resource.before
```

もちろんnull_resource.beforeです。では、terraform state mvコマンドを使ってリネームします。このコマンドは第一引数に変更前の名前、第二引数に変更後の名前を指定します。

```
$ terraform state mv null_resource.before null_resource.after
Move "null_resource.before" to "null_resource.after"
Successfully moved 1 object(s).
```

リネーム結果を確認します。今度はnull_resource.afterになりました。

```
$ terraform state list
null_resource.after
```

最後にリスト24.5をリスト24.6に修正すると、planの差分がなくなります。

```
$ terraform plan

No changes. Infrastructure is up-to-date.
```

### 24.5.2　terraform state mvによるモジュールのリネーム

検証のために、renameモジュールをリスト24.7のように実装します。

リスト24.7: 検証用モジュールの定義
```
1: resource "null_resource" "example" {}
```

このモジュールを呼び出すコードをリスト24.8のように実装し、applyします。

リスト24.8: リネーム前のモジュール呼び出し

```
1: module "before" {
2:   source = "./rename"
3: }
```

リソース名を確認します。

```
$ terraform state list
module.before.null_resource.example
```

リソース名はmodule.before.null_resource.exampleです。この場合、モジュール名は「module.before」の部分が該当します。では、モジュールをリネームします。

```
$ terraform state mv module.before module.after
Move "module.before" to "module.after"
Successfully moved 1 object(s).
```

リネーム結果を確認します。今度はモジュール名がmodule.afterになりました。

```
$ terraform state list
module.after.null_resource.example
```

リスト24.8をリスト24.9のように修正します。

リスト24.9: リネーム後のモジュール呼び出し

```
1: module "after" {
2:   source = "./rename"
3: }
```

なおモジュールの場合は、plan前にモジュールの取得が必要です。そこで次のように実行します。

```
$ terraform get
- after in rename
```

これでplanの差分がなくなります。

```
$ terraform plan

No changes. Infrastructure is up-to-date.
```

## 24.6 tfstateファイル間の移動

　一度リソースを作成したあとに、別のtfstateファイルへ移動したくなることがあります。もちろん、tfstateファイル間のリソース移動は可能です。しかし、手順はかなり複雑です。しっかりリハーサルしてから実施しましょう。なおここで学ぶ手順は、**リモートでtfstateファイルを管理している場合も実行可能です**。では次のようなファイルレイアウトで実装します。

```
├── destination/
│   └── main.tf
└── source/
    └── main.tf
```

　移動元になるsourceディレクトリで、リスト24.10を実装します。

リスト24.10: 移動元の定義（リソース移動前）
```
1: resource "null_resource" "source" {}
2: resource "null_resource" "target" {}
```

applyして、作成されたリソースを確認します。

```
$ terraform state list
null_resource.source
null_resource.target
```

　続いて移動先となるdestinationディレクトリで、リスト24.11を実装します。

リスト24.11: 移動先の定義（リソース移動前）
```
1: resource "null_resource" "destination" {}
```

applyして、作成されたリソースを確認します。

```
$ terraform state list
null_resource.destination
```

### 24.6.1　リソースをローカルへ移動

　まずはsourceディレクトリへcdします。そして「-state-out」オプションを指定し、terraform state mvコマンドを実行します。

```
$ terraform state mv -state-out=target.tfstate \
  null_resource.target null_resource.target
```

これでローカルに target.tfstate ファイルが作成され、リソースが移動します。

```
$ cat target.tfstate
{
  "version": 4,
  "terraform_version": "0.12.5",
  "serial": 1,
  "lineage": "6e77517d-660a-7763-5f25-7fc0f44beaf3",
  "outputs": {},
  "resources": [
    {
      "mode": "managed",
      "type": "null_resource",
      "name": "target",
      "provider": "provider.null",
      "instances": [
        {
          "schema_version": 0,
          "attributes": {
            "id": "12345134909199247766",
            "triggers": null
          },
          "private": "bnVsbA=="
        }
      ]
    }
  ]
}
```

また、元の tfstate ファイルから指定したリソースが削除されたことを確認します。

```
$ terraform state list
null_resource.source
```

### 24.6.2 移動先の tfstate ファイルをローカルへコピー

destination ディレクトリへ cd します。そして、リソースの移動先となる tfstate ファイルを、ローカルの destination.tfstate ファイルへコピーします。

```
$ terraform state pull > destination.tfstate
```

destination.tfstateファイルを確認します。

```
$ cat destination.tfstate
{
  "version": 4,
  "terraform_version": "0.12.5",
  "serial": 1,
  "lineage": "d1820b25-9887-d1e9-a3dc-f51c33f51a42",
  "outputs": {},
  "resources": [
    {
      "mode": "managed",
      "type": "null_resource",
      "name": "destination",
      "provider": "provider.null",
      "instances": [
        {
          "schema_version": 0,
          "attributes": {
            "id": "4646642002326002912",
            "triggers": null
          },
          "private": "bnVsbA=="
        }
      ]
    }
  ]
}
```

### 24.6.3 tfstateファイル間のリソース移動

では、sourceディレクトリのtarget.tfstateファイルから、destinationディレクトリのdestination.tfstateファイルへリソースを移動します。

「-state」オプションに移動元のtfstateファイル、「-state-out」オプションに移動先のtfstateファイルを指定して、terraform state mvコマンドを実行します。

```
$ terraform state mv \
  -state=../source/target.tfstate \
  -state-out=destination.tfstate \
  null_resource.target null_resource.target
```

destination.tfstateファイルにリソースが移動します。

```
$ cat destination.tfstate
{
  "version": 4,
  "terraform_version": "0.12.5",
  "serial": 2,
  "lineage": "d1820b25-9887-d1e9-a3dc-f51c33f51a42",
  "outputs": {},
  "resources": [
    {
      "mode": "managed",
      "type": "null_resource",
      "name": "destination",
      "provider": "provider.null",
      "instances": [
        {
          "schema_version": 0,
          "attributes": {
            "id": "4646642002326002912",
            "triggers": null
          },
          "private": "bnVsbA=="
        }
      ]
    },
    {
      "mode": "managed",
      "type": "null_resource",
      "name": "target",
      "provider": "provider.null",
      "instances": [
        {
          "schema_version": 0,
          "attributes": {
            "id": "12345134909192477766",
            "triggers": null
          },
          "private": "bnVsbA=="
        }
      ]
    }
  ]
}
```

## 24.6.4 移動先のtfstateファイルを上書き

まだこの時点では、移動先のtfstateファイルは変化していません。

```
$ terraform state list
null_resource.destination
```

destination.tfstateファイルで、上書きします。

```
$ terraform state push destination.tfstate
```

移動先のtfstateファイルを確認してみましょう。

```
$ terraform state list
null_resource.destination
null_resource.target
```

これでtfstateファイル間のリソース移動ができました。

### 24.6.5 コードの修正

リソースを移動できたので、忘れずにコードを修正します。まずはsourceディレクトリのリスト24.10を、リスト24.12のように修正します。

リスト24.12: 移動元の定義（リソース移動後）
```
1: resource "null_resource" "source" {}
```

次にdestinationディレクトリのリスト24.11を、リスト24.13のように修正します。

リスト24.13: 移動先の定義（リソース移動後）
```
1: resource "null_resource" "destination" {}
2: resource "null_resource" "target" {}
```

そして、それぞれのディレクトリで差分がないことを確認したら完了です。

```
$ terraform plan

No changes. Infrastructure is up-to-date.
```

# 第25章 既存リソースのインポート

　最初からすべてのリソースがTerraform管理されているなら幸運です。しかし現実には、そのような状況ばかりではありません。そこで本章では、Terraformの管理下にないリソースをインポートして、Terraformで管理する方法を学びます。

## 25.1　terraform import

　「`terraform import`」コマンドを使うと、Terraform管理外のリソースをtfstateファイルへ取り込むことができます。ただし、`terraform import`コマンドに対応していないリソースも存在します。詳細は各リソースのドキュメントを確認しましょう。

### 25.1.1　単一リソースのインポート

　ここでは、次のようにAWS CLIでVPCを作成します。

```
$ aws ec2 create-vpc --cidr-block 192.168.0.0/16
{
    "Vpc": {
        "VpcId": "vpc-0f4fa25a150ef7ac5",
        "CidrBlock": "192.168.0.0/16",
        ......
```

　このVPCをインポートしましょう。

**インポートの実行**

　インポートにはプロバイダが必要なため、最初にリスト25.1を実装します。

リスト25.1: インポート実行のためプロバイダを定義
```
1: provider "aws" {
2:     region = "ap-northeast-1"
3: }
```

　この状態でinitします。

```
$ terraform init
```

　VPCのIDを指定してインポートします。

```
$ terraform import aws_vpc.imported vpc-0f4fa25a150ef7ac5
Error: resource address "aws_vpc.imported" does not exist in the configuration.

Before importing this resource, please create its configuration in the root
module. For example:

resource "aws_vpc" "imported" {
  # (resource arguments)
}
```

すると、エラーメッセージが表示されます。そこでエラーメッセージに従い、リスト25.1にリスト25.2を追加します。

リスト25.2: インポートするVPCのひな形を定義

```
1: resource "aws_vpc" "imported" {
2:   # (resource arguments)
3: }
```

あらためてインポートを実行すると、今度は成功します。

```
$ terraform import aws_vpc.imported vpc-0f4fa25a150ef7ac5
aws_vpc.imported: Importing from ID "vpc-0f4fa25a150ef7ac5"...
aws_vpc.imported: Import prepared!
  Prepared aws_vpc for import
aws_vpc.imported: Refreshing state... [id=vpc-0f4fa25a150ef7ac5]

Import successful!
```

### コードの修正

インポートに成功したら、planを実行します。

```
$ terraform plan

Error: Missing required argument

  on main.tf line 5, in resource "aws_vpc" "imported":
   5: resource "aws_vpc" "imported" {

The argument "cidr_block" is required, but no definition was found.
```

すると、必須パラメータ cidr_block がないというエラーメッセージが出ます。そこで、インポートしたVPCの cidr_block を確認します。

第25章　既存リソースのインポート

```
$ terraform state show aws_vpc.imported
# aws_vpc.imported:
resource "aws_vpc" "imported" {
    assign_generated_ipv6_cidr_block = false
    cidr_block                       = "192.168.0.0/16"
    ......
```

cidr_blockを確認したら、リスト25.2をリスト25.3のように修正します。

リスト25.3: インポートしたVPCを定義

```
1: resource "aws_vpc" "imported" {
2:   cidr_block = "192.168.0.0/16"
3: }
```

あらためてplanを実行すると、差分がなくなります。

```
$ terraform plan

No changes. Infrastructure is up-to-date.
```

これがterraform importコマンドを使った、インポートの基本的な流れです。

### 25.1.2 関連リソースのインポート

リソースによっては一度のインポートで、複数の関連するリソースが一緒にtfstateファイルへ書き込まれます。たとえば、セキュリティグループが該当します。

ここでは、次のようにAWS CLIでセキュリティグループを作成します。

```
$ aws ec2 create-security-group --group-name web-server --description "Example"
{
    "GroupId": "sg-0072ad85a556169db"
}
```

そしてingressを設定します。

```
$ aws ec2 authorize-security-group-ingress --group-id sg-0072ad85a556169db \
  --protocol tcp --port 80 --cidr 0.0.0.0/0
```

egressについては明示的に設定しなくても、AWS CLIでセキュリティグループを作成したときに、自動で設定されます。

```
$ aws ec2 describe-security-groups --group-names web-server
{
    "SecurityGroups": [
        {
            "IpPermissionsEgress": [
                {
                    "IpProtocol": "-1",
                    "PrefixListIds": [],
                    "IpRanges": [
                        {
                            "CidrIp": "0.0.0.0/0"
                        }
                    ],
                    "UserIdGroupPairs": [],
                    "Ipv6Ranges": []
                }
            ],
            "Description": "Example",
            ......
```

このセキュリティグループをインポートしましょう。

### インポートの実行

今回は最初からAWSプロバイダと aws_security_group リソースを、リスト25.4のように定義しておきます。

リスト25.4: AWSプロバイダとインポートするセキュリティグループを定義

```
1: provider "aws" {
2:   region = "ap-northeast-1"
3: }
4:
5: resource "aws_security_group" "web_server" {
6:   name        = "web-server"
7:   description = "Example"
8: }
```

initします。

```
$ terraform init
```

インポートを実行します。

```
$ terraform import aws_security_group.web_server sg-0072ad85a556169db
aws_security_group.web_server: Importing from ID "sg-0072ad85a556169db"...
aws_security_group.web_server: Import prepared!
  Prepared aws_security_group for import
  Prepared aws_security_group_rule for import
  Prepared aws_security_group_rule for import
aws_security_group_rule.web_server: Refreshing state... [id=sgrule-3021536888]
aws_security_group.web_server: Refreshing state... [id=sg-0072ad85a556169db]
aws_security_group_rule.web_server-1: Refreshing state...
[id=sgrule-2885240331]

Import successful!
```

コマンドの実行ログをよく見ると、aws_security_group_ruleリソースもインポートされています。

### コードの修正

リソース一覧を出力してみましょう。するとaws_security_groupリソースだけでなく、aws_security_group_ruleリソースもふたつ確認できます。

```
$ terraform state list
aws_security_group.web_server
aws_security_group_rule.web_server
aws_security_group_rule.web_server-1
```

次にplanすると、驚くべきことにリソース削除が予告されます。

```
$ terraform plan

  # aws_security_group_rule.web_server will be destroyed
  - resource "aws_security_group_rule" "web_server" {
      ......
      - to_port            = 80 -> null
      - type               = "ingress" -> null
    }

  # aws_security_group_rule.web_server-1 will be destroyed
  - resource "aws_security_group_rule" "web_server-1" {
      ......
      - to_port            = 0 -> null
      - type               = "egress" -> null
    }

Plan: 0 to add, 0 to change, 2 to destroy.
```

そこでリスト25.4にリスト25.5を追加します。ingressルールが「web_server」、egressルールが「web_server-1」です。

リスト25.5: インポートしたセキュリティグループルールを定義

```
 1: resource "aws_security_group_rule" "web_server" {
 2:   type              = "ingress"
 3:   from_port         = 80
 4:   to_port           = 80
 5:   protocol          = "tcp"
 6:   cidr_blocks       = ["0.0.0.0/0"]
 7:   security_group_id = aws_security_group.web_server.id
 8: }
 9:
10: resource "aws_security_group_rule" "web_server-1" {
11:   type              = "egress"
12:   from_port         = 0
13:   to_port           = 0
14:   protocol          = "-1"
15:   cidr_blocks       = ["0.0.0.0/0"]
16:   security_group_id = aws_security_group.web_server.id
17: }
```

これで差分が出なくなります。

```
$ terraform plan

No changes. Infrastructure is up-to-date.
```

### リソース名の調整

このままでは分かりづらいので、リソース名を変更します。まずは terraform state mv コマンドで tfstate ファイルを書き換えます。

```
$ terraform state mv \
  aws_security_group_rule.web_server aws_security_group_rule.ingress
$ terraform state mv \
  aws_security_group_rule.web_server-1 aws_security_group_rule.egress
```

次に、リスト25.5をリスト25.6のように修正します。

リスト25.6: インポートしたセキュリティグループルールをリネーム

```
 1: resource "aws_security_group_rule" "ingress" {
 2:   type              = "ingress"
 3:   from_port         = 80
 4:   to_port           = 80
 5:   protocol          = "tcp"
 6:   cidr_blocks       = ["0.0.0.0/0"]
 7:   security_group_id = aws_security_group.web_server.id
 8: }
 9:
10: resource "aws_security_group_rule" "egress" {
11:   type              = "egress"
12:   from_port         = 0
13:   to_port           = 0
14:   protocol          = "-1"
15:   cidr_blocks       = ["0.0.0.0/0"]
16:   security_group_id = aws_security_group.web_server.id
17: }
```

最後にplanを実行して、差分がないことを確認します。

```
$ terraform plan
No changes. Infrastructure is up-to-date.
```

## 25.2　terraformer

`terraform import`コマンドはtfファイルの実装を自力で行う必要があり、リソースが大量にあると煩雑です。そこでtfファイルを自動生成します。有名な実装としては、terraformer[1]とterraforming[2]があります。本書ではterraformerを導入します。terraformerはよくインポートされる、主要なリソースをサポートしています。

### 25.2.1　terraformerのインストール

terraformerはHomebrewでインストールできます。

```
$ brew install terraformer
```

---

1. https://github.com/GoogleCloudPlatform/terraformer
2. https://github.com/dtan4/terraforming

インストールできたら、terraformerのバージョンを確認します。

```
$ terraformer --version
version v0.7.6
```

### 25.2.2 指定したリソースのインポート

ここでは「25.1.1 単一リソースのインポート」で作成したVPCをインポートします。

#### インポートの実行

インポートにはプロバイダが必要なため、最初にリスト25.7を実装します。

リスト25.7: terraformerによるインポート実行のためプロバイダを定義
```
1: provider "aws" {
2:   region = "ap-northeast-1"
3: }
```

initします。

```
$ terraform init
```

準備が整ったのでterraformerコマンドを実行します。--resourcesオプションにリソースの種類、--filterオプションにリソース識別子を指定します。

```
$ terraformer import aws --regions=ap-northeast-1 \
  --resources=vpc --filter=aws_vpc=vpc-0f4fa25a150ef7ac5
2019/07/26 19:45:50 aws importing region ap-northeast-1
2019/07/26 19:45:50 aws importing... vpc
2019/07/26 19:45:56 Refreshing state... aws_vpc.vpc-0f4fa25a150ef7ac5
2019/07/26 19:45:58 aws Connecting....
2019/07/26 19:45:58 aws save vpc
2019/07/26 19:45:58 [DEBUG] New state was assigned lineage
"0930e17c-be23-4d61-94d0-9ee10ccf6256"
2019/07/26 19:45:58 aws save tfstate for vpc
```

すると次のようなファイルレイアウトの**generated**ディレクトリが生成されます。

```
generated/
└── aws/
    └── vpc/
        └── ap-northeast-1/
            ├── outputs.tf
            ├── provider.tf
            ├── terraform.tfstate
            └── vpc.tf
```

### tfファイルの調整

生成されたvpc.tfには、リスト25.8のようなコードが記述されています[3]。

リスト25.8: terraformerが生成したリソース定義

```
 1: resource "aws_vpc" "vpc-0f4fa25a150ef7ac5" {
 2:     assign_generated_ipv6_cidr_block = false
 3:     cidr_block                       = "192.168.0.0/16"
 4:     enable_classiclink               = false
 5:     enable_classiclink_dns_support   = false
 6:     enable_dns_hostnames             = false
 7:     enable_dns_support               = true
 8:     instance_tenancy                 = "default"
 9:     tags                             = {}
10: }
```

terraformerが生成するtfファイルは、デフォルト値などもすべて埋まっています。そのため重要でないパラメータを削除して、リスト25.9のように調整してもよいでしょう。

リスト25.9: 生成されたリソース定義の調整

```
 1: resource "aws_vpc" "vpc-0f4fa25a150ef7ac5" {
 2:     cidr_block           = "192.168.0.0/16"
 3:     enable_dns_hostnames = false
 4:     enable_dns_support   = true
 5: }
```

### tfstateファイルの活用

生成されたtfstateファイルを活用するか否かは状況によります。生成されたtfstateファイルで、そのままTerraform管理を開始できます。あるいは、別のtfstateファイルに`terraform state mv`

---

3.terraformer v0.7.6が出力するtfファイルのコードはTerraform 0.11版です。そのためTerraform 0.12版のコードには、自分で変換する必要があります。コードを変換するには、tfファイルがあるディレクトリで「terraform init && terraform 0.12upgrade -yes」を実行します。

コマンドでリソース移動も可能です。terraform importコマンドで、tfstateファイルをインポートしている場合は単純に破棄します。

### 25.2.3 すべてのリソースのインポート

--filterオプションを削除すると、すべてのリソースをインポートできます。インポート対象のリソースが多い場合に使用します。

```
$ terraformer import aws --regions=ap-northeast-1 --resources=vpc
```

### 25.2.4 関連するリソースのインポート

いくつかのリソースでは、関連するリソースをまとめてインポートできます。ここでは、次のようにAWS CLIでDBインスタンスを作成します。

```
$ aws rds create-db-instance --db-instance-identifier example \
  --db-instance-class db.t3.small --engine mysql --allocated-storage 20 \
  --master-username admin --master-user-password VeryStrongPassword!
```

これをterraformerでインポートしましょう。

```
$ terraformer import aws --regions=ap-northeast-1 \
  --resources=rds --filter=aws_db_instance=example
```

すると次のようにRDSに関連するリソースが一度に取得できます。

```
generated
└── aws
    └── rds
        └── ap-northeast-1
            ├── db_instance.tf
            ├── db_option_group.tf
            ├── db_parameter_group.tf
            ├── db_subnet_group.tf
            ├── outputs.tf
            ├── provider.tf
            ├── terraform.tfstate
            └── variables.tf
```

このように関連リソースをまとめてインポートするかどうかは、--resourcesオプションに指定するリソースによって変わります。詳細はterraformerのREADMEを参照しましょう。

# 第26章 チーム開発

本章では、チーム開発で必要になるプラクティスを学びます。チームで優れたシステムを構築するには、規律ある開発プロセスが必要です。

## 26.1 ソースコード管理

tfファイルは必ずバージョン管理システムで管理します。Gitがベストです。ホスティング先はGitHubがよいでしょう。システム連携が容易で、情報量も多いです。

一方、**tfstateファイルはバージョン管理システムで管理してはいけません**。いくつも問題を抱え込むことになります。たとえばapply前に最新のtfstateファイルをpullし忘れたり、apply後にtfstateファイルをpushし忘れると、システムが意図せぬ状態になります。tfstateファイルのロックもできません。tfstateファイルに書き込まれるパスワードなどの秘匿情報が、平文でバージョン管理システムに格納されてしまいます。

これらの問題を回避するのは簡単です。tfstateファイルは第20章で学んだ、リモートのストレージで管理しましょう。

## 26.2 ブランチ戦略

Terraformのチーム開発では「**どのブランチでapplyするか**」が重要です。チームメンバー間で認識にギャップがあると、予期せぬ変更が起きます。リソースの再作成や削除は取り返しがつかない場合もあるため、認識合わせは重要です。

「masterブランチにマージしたらapplyする」というシンプルな戦略からはじめましょう。applyを自動化しているなら、もう少し複雑な戦略も採用できます。developブランチはステージング環境へ、masterブランチは本番環境へそれぞれapplyするなどです。

## 26.3 レビュー

レビューは欠かせないプロセスです。コードとシステムの品質を保ち、チームメンバーと共通理解を深めることができます。

### 26.3.1 アーキテクチャレビュー

重要なリソースを追加・変更する場合は、アーキテクチャレビューを行いましょう。ホワイトボードに図を描いて数分議論するだけでも、多くの課題が見つかります。

また、議論内容をサマライズして残しましょう。メモ書きレベルでも構いません。ホワイトボードの写真が残っているだけでも役立ちます。

### 26.3.2 コードレビュー

Terraformでも、他のソフトウェア開発と同様の観点でレビューしましょう。

・一貫性は保たれているか

・分かりやすい名前になっているか

・不要な依存関係を組み込んでいないか

・意図や背景がコメントに記述されているか

Terraform特有の観点としては「**パラメータの設定を省略してよいか**」があります。パラメータの設定を省略するとデフォルト値が設定されるため、デフォルト値の妥当性もレビューすべきです。TerraformのデフォルトのとAWS APIのデフォルト値は必ずしも一致しないため、Terraformのドキュメントだけでなく、AWSのドキュメントもあわせて参照するとよいでしょう。

なおコードレビューでは、問題点の指摘に終止してはいけません。読みやすいコードや適切なコメントを褒めましょう。絵文字やLGTM画像を積極的に使いましょう。人間は感情の生き物です。ポジティブフィードバックはコードレビューの効果を高めます。

### 26.3.3 実行計画レビュー

planコマンドが出力する実行計画をレビューし、意図した変更が行われるか確認しましょう。特に、リソースの再作成や削除は要注意です。

コードの変更により、システムにどう影響するかは人間が判断するしかありません。実装者が影響範囲を見落とすこともあるため、丁寧にレビューしましょう。

### 26.3.4 プルリクエストテンプレート

レビュー依頼時に最低限書くべきことを、プルリクエストのテンプレートとして用意しましょう。プロジェクトルートに`PULL_REQUEST_TEMPLATE.md`ファイルを作成し、リスト26.1のように記述します。GitHubであれば、プルリクエスト作成時にテンプレートの内容がテキストエリアに自動挿入されます。

リスト26.1: プルリクエストテンプレート

```
 1: # 概要
 2: <!-- コードの変更理由や意図を書きましょう -->
 3:
 4: # 影響範囲
 5: <!-- この変更によりどのような影響が出るか書きましょう -->
 6:
 7: # レビューポイント
 8: <!-- もやもやしていることやレビュー時に特に見てほしいポイントを書きましょう -->
 9:
10: # 実行計画
11: <!-- terraform planの実行結果を貼りましょう -->
```

テンプレートがあれば、レビュー依頼時になにを書けばいいか迷わずに済みます。レビューする側は、必要な情報が過不足なく手に入ります。記入項目はなるべく少なくして、シンプルに保つと継続しやすいでしょう。

## 26.4　Apply戦略

一人で開発する場合は、いつどのようにapplyしても構いません。しかし、チーム開発では一定の秩序が必要です。「26.2 ブランチ戦略」で述べたように、「いつapplyするか」を最初に決めます。そして次に決めるべきは「**どうやってapplyするか**」です。

### 26.4.1　手動Apply

最初の選択肢は手動Applyです。今までどおり、ローカル環境でapplyコマンドを実行します。一切の作り込みが不要で、なんと言っても手軽です。

しかし欠点もあります。まず、手作業ゆえにヒューマンエラーが入り込みやすいです。たとえば、レビュー前にapplyしてしまうなどの事故が起こりえます。

また、クレデンシャル管理も問題になります。applyするために、AdministratorAccessポリシーのような強力な権限を持ったアクセスキーを、個々人で払い出すことになります。

### 26.4.2　自動Apply

もうひとつの選択肢は自動Applyです。apply実行環境を用意し、そこでのみapplyします。手動Applyと異なり、ヒューマンエラーの入り込む余地がなく、個々人で強力な権限を持ったアクセスキーを払い出す必要もありません。

ただし、ある程度作り込みが必要です。ファイルレイアウトやWorkspacesの有無でもやることが変わります。また、AWSの外でapplyする場合は別の課題が生まれます。

#### AWSの外でapplyする

たとえばCircleCIなどのSaaSでapplyします。CIのSaaSはとても優秀で、かなり複雑なワークフローも組めます。

しかし、クレデンシャル管理は課題となります。強力な権限を持ったアクセスキーをapply実行環境へ預けることになるため、預け先を完全に信頼しなくてはなりません。また、アクセスキーの定期的なローテーションも必要です。AWSのTrusted Advisorでは、アクセスキーを90日ごとにローテーションすることが推奨されています。

#### AWSの中でapplyする

たとえばCodeBuildやEC2でapplyします。AWSのサービスを使用する場合、IAMロールが使えるため、アクセスキーの管理に悩む必要はありません。

SaaSと比較するとセットアップは手間ですが、Terraformを使えば省力化できます。第27章「継続的Apply」では、CodeBuildによるapply実行環境を構築します。

> **applyエラーは即修正しなければならない**
>
> apply時にエラーが発生した場合、放置してはいけません。最優先で対応します。applyエラーが起きている状態でコードを変更すると、正常な状態に戻すのが困難になります。planできるのにapplyで失敗することは、少なくない頻度で発生します。すべてを事前に回避するのは困難なため、上手に付き合っていくしかありません。
>
> applyエラーを回避するのは難しいですが、修正の難易度を下げることはできます。一度にapplyする量を減らせばよいのです。一気に大量のリソースを変更するのではなく、少しずつ変更する習慣を身につけましょう。

## 26.5 コンテキストの理解

Terraformによる優れたシステム構築のためには、コード以外の事柄にも目を向け、コンテキストを理解することが大切です。コンテキストを理解すれば、正しく問題を認知できます。正しく問題を認知できれば、問題解決の精度が大幅に向上します。

### 26.5.1 ビジネス目標

ビジネス目標はシステムの存在理由です。エンドユーザーに価値提供するシステムもあれば、バックオフィスで働く仲間をサポートするシステムもあるでしょう。

Terraformでシステムを変更するときは、その変更にどんな意味があるのか考えましょう。ビジネスに対する想像力を働かせ、適切な方向にシステムを進化させるのです。

### 26.5.2 ステークホルダー

あなたのシステムに関心があるのは誰でしょうか。システムに直接関与していなくても、影響を受ける人は想像以上に多いものです。

ステークホルダーはシステム変更のトリガーになります。ステークホルダーの関心事をとらえ、ニーズを把握することは、どこを変更しやすくするか判断するために役立ちます。

### 26.5.3 アプリケーション

Terraformで構築されたインフラストラクチャに、どんなアプリケーションがデプロイされているでしょうか。アプリケーションが具体的になにをしているのか知らずして、影響範囲を正しく判断することはできません。

また、アプリケーションによってパフォーマンス重視の場合もあれば、スケーラビリティ重視の場合もあります。重視する品質特性によって、設計判断は変わります。

### 26.5.4 システムアーキテクチャ

アーキテクチャ図を作成し、チームメンバー全員がシステムの全体像を把握できるようにしましょう。詳細には踏み込まず、主要なコンポーネントとその関係性を表現します。

コードだけで全体像を把握するのは困難ですが、図があれば可能です。全員が全体像を把握していれば、優れた意思決定ができます。

# 第27章 継続的Apply

　本章では、CodeBuildを中心としたapply実行環境を構築します。プルリクエストベースのワークフローを定義し、CodeBuildでTerraformを自動実行します。

## 27.1 ワークフロー

　ここではシンプルに「masterブランチにマージしたらapplyする」というブランチ戦略を採用します。コードはtfstateファイルがひとつのモノリスとし、次のようなワークフローで開発します。

1. コードを変更したらGitHubにプルリクエスト
2. CodeBuildがplanを自動実行
3. レビューアはコードとplan結果を確認
4. masterブランチへマージしたら、CodeBuildがapplyを自動実行

## 27.2 apply実行環境

　CodeBuildでTerraformを実行するために必要なリソースを定義します。

### 27.2.1 CodeBuildサービスロールの作成

　CodeBuildサービスロールを、リスト27.1のように定義します。権限不足によるTerraformの実行失敗を避けるため、AdministratorAccessの権限を付与します。

リスト27.1: CodeBuildサービスロールの定義

```
 1: module "continuous_apply_codebuild_role" {
 2:   source     = "./iam_role"
 3:   name       = "continuous-apply"
 4:   identifier = "codebuild.amazonaws.com"
 5:   policy     = data.aws_iam_policy.administrator_access.policy
 6: }
 7:
 8: data "aws_iam_policy" "administrator_access" {
 9:   arn = "arn:aws:iam::aws:policy/AdministratorAccess"
10: }
```

### 27.2.2 GitHubトークンの保存

　「14.4.3 GitHubトークン」と同様に、GitHubトークンを払い出します。払い出したGitHubトーク

ンは、「/continuous_apply/github_token」というキー名でSSMパラメータストアに保存します。

```
$ aws ssm put-parameter \
  --type SecureString \
  --name /continuous_apply/github_token \
  --value <your-github-token>
```

### 27.2.3　CodeBuildプロジェクトの作成

CodeBuildプロジェクトをリスト27.2のように定義します。第14章のリスト14.5と異なり、GitHubと直接連携します。

リスト27.2: CodeBuildプロジェクトの定義

```
 1: resource "aws_codebuild_project" "continuous_apply" {
 2:   name         = "continuous-apply"
 3:   service_role = module.continuous_apply_codebuild_role.iam_role_arn
 4:
 5:   source {
 6:     type     = "GITHUB"
 7:     location = "https://github.com/your-github-name/your-repository.git"
 8:   }
 9:
10:   artifacts {
11:     type = "NO_ARTIFACTS"
12:   }
13:
14:   environment {
15:     type            = "LINUX_CONTAINER"
16:     compute_type    = "BUILD_GENERAL1_SMALL"
17:     image           = "hashicorp/terraform:0.12.5"
18:     privileged_mode = false
19:   }
20:
21:   provisioner "local-exec" {
22:     command = <<-EOT
23:       aws codebuild import-source-credentials \
24:         --server-type GITHUB \
25:         --auth-type PERSONAL_ACCESS_TOKEN \
26:         --token $GITHUB_TOKEN
27:     EOT
28:
```

```
29:     environment = {
30:       GITHUB_TOKEN = data.aws_ssm_parameter.github_token.value
31:     }
32:   }
33: }
34:
35: data "aws_ssm_parameter" "github_token" {
36:   name = "/continuous_apply/github_token"
37: }
```

　CodeBuildがGitHubと連携するには、GitHubトークンの登録が必要です。しかしAWSプロバイダ2.20.0では実現できません。

　そこでワークアラウンドとして、local-execプロビジョナを使用します。local-execプロビジョナは、リソース作成後に任意のコマンドを実行できます。GitHubトークンの登録は、23～26行目のようにimport-source-credentialsコマンドを使って実現します。

### 27.2.4　CodeBuild Webhookの作成

　GitHubからWebhookを受け取るため、リスト27.3のようにCodeBuild Webhookを定義します。なお、CodeBuild Webhookを作成すると、自動的にGitHub側のWebhookの設定も行われます。

リスト27.3: CodeBuild Webhookの定義

```
 1: resource "aws_codebuild_webhook" "continuous_apply" {
 2:   project_name = aws_codebuild_project.continuous_apply.name
 3:
 4:   filter_group {
 5:     filter {
 6:       type    = "EVENT"
 7:       pattern = "PULL_REQUEST_CREATED"
 8:     }
 9:   }
10:
11:   filter_group {
12:     filter {
13:       type    = "EVENT"
14:       pattern = "PULL_REQUEST_UPDATED"
15:     }
16:   }
17:
18:   filter_group {
19:     filter {
```

```
20:       type    = "EVENT"
21:       pattern = "PULL_REQUEST_REOPENED"
22:     }
23:   }
24:
25:   filter_group {
26:     filter {
27:       type    = "EVENT"
28:       pattern = "PUSH"
29:     }
30:
31:     filter {
32:       type    = "HEAD_REF"
33:       pattern = "master"
34:     }
35:   }
36: }
```

filter_groupを使って、Webhookの条件を指定します。4〜23行目で「プルリクエストの作成・更新・再オープン時」、25〜35行目で「masterブランチへのプッシュ時」にそれぞれWebhookを飛ばすよう設定しています。

## 27.3 ビルドリポジトリ

ビルド対象のリポジトリは、次のようなファイルレイアウトにします。scriptsディレクトリ配下には、buildspec.ymlから呼び出すスクリプトを実装します。

```
├── scripts/
│   ├── build.sh
│   ├── plan.sh
│   └── apply.sh
├── buildspec.yml
└── main.tf
```

最初にapply対象のリソースを定義しましょう。main.tfをリスト27.4のように実装します。これをCodeBuildでapplyします。

リスト 27.4: CodeBuild で apply するリソースの定義

```
 1: resource "aws_vpc" "example" {
 2:   cidr_block = "192.168.0.0/16"
 3: }
```

### 27.3.1 buildspec.yml

CodeBuildでの処理フローを記述した、buildspec.ymlをリスト27.5のように定義します。

リスト 27.5: buildspec.yml の定義

```
 1: version: 0.2
 2:
 3: env:
 4:   parameter-store:
 5:     GITHUB_TOKEN: "/continuous_apply/github_token"
 6:
 7: phases:
 8:   build:
 9:     commands:
10:       - ${CODEBUILD_SRC_DIR}/scripts/build.sh
```

#### 環境変数

envでは環境変数「GITHUB_TOKEN」を定義します。「27.2.2 GitHubトークンの保存」で設定した、パラメータストアのキー名を指定します。

#### ビルドフェーズ

ビルドフェーズでは10行目のように、ビルドスクリプトを単純に呼び出します。なお、環境変数「CODEBUILD_SRC_DIR」はCodeBuildが自動で定義します。ビルド時に使用するディレクトリパスが設定されています。

### 27.3.2 buildスクリプト

build.shをリスト27.6のように実装します。build.shでは、Webhookのトリガーに応じて処理を切り替えます。トリガーが「プルリクエスト」の場合はplanを、「masterブランチへのプッシュ」の場合はapplyを実行します。

なお、環境変数「CODEBUILD_WEBHOOK_TRIGGER」はCodeBuildが自動で定義します。トリガーの種類によって値が異なります。プルリクエスト時は「pr/<プルリクエスト番号>」、masterブランチへのプッシュ時は「branch/master」が設定されます。

リスト 27.6: build.shの定義

```
1: #!/bin/sh
2: set -x
3:
4: if [[ ${CODEBUILD_WEBHOOK_TRIGGER} = 'branch/master' ]]; then
5:   ${CODEBUILD_SRC_DIR}/scripts/apply.sh
6: else
7:   ${CODEBUILD_SRC_DIR}/scripts/plan.sh
8: fi
```

### 27.3.3　planスクリプト

plan.shをリスト 27.7のように実装します。initとplanでは「-input=false」オプションにより実行時の入力を抑制し、未定義の変数がある場合はエラーにします。また「-no-color」オプションでカラー出力を抑制し、CodeBuildのログ出力を見やすくします。

リスト 27.7: plan.shの定義

```
1: #!/bin/sh
2:
3: terraform init -input=false -no-color
4: terraform plan -input=false -no-color
```

### 27.3.4　applyスクリプト

apply.shをリスト 27.8のように実装します。applyでは「-auto-approve」オプションにより、実行計画を自動承認します。これでyesと入力する必要がなくなります。

リスト 27.8: apply.shの定義

```
1: #!/bin/sh
2:
3: terraform init -input=false -no-color
4: terraform apply -input=false -no-color -auto-approve
```

最後に、実装したスクリプトに実行権限を付与すると、CodeBuildによるTerraformの実行が可能になります。

```
$ chmod +x scripts/*.sh
```

## 27.4 tfnotify

　Terraformの実行結果を確認するために、AWSマネジメントコンソールに毎回サインインするのは手間です。そこでtfnotify[1]を導入し、Terraformの実行結果をGitHubに通知します。最終的にファイルレイアウトは次のようになります。

```
├── scripts/
│   ├── install.sh
│   ├── build.sh
│   ├── plan.sh
│   └── apply.sh
├── tfnotify.yml
├── buildspec.yml
└── main.tf
```

### 27.4.1　installスクリプト

install.shをリスト27.9のように実装します。

リスト27.9: install.shの定義

```
1: #!/bin/sh
2:
3: BASE_URL=https://github.com/mercari/tfnotify/releases/download
4: DOWNLOAD_URL="${BASE_URL}/v0.3.1/tfnotify_v0.3.1_linux_amd64.tar.gz"
5: wget ${DOWNLOAD_URL} -P /tmp
6: tar zxvf /tmp/tfnotify_v0.3.1_linux_amd64.tar.gz -C /tmp
7: mv /tmp/tfnotify_v0.3.1_linux_amd64/tfnotify /usr/local/bin/tfnotify
```

実行権限を付与します。

```
$ chmod +x scripts/*.sh
```

　buildspec.ymlのインストールフェーズでtfnotifyをインストールします。リスト27.5をリスト27.10のように修正しましょう。

リスト27.10: buildspec.ymlの修正

```
1: version: 0.2
2:
3: env:
4:   parameter-store:
```

---

1.https://github.com/mercari/tfnotify

```
 5:      GITHUB_TOKEN: "/continuous_apply/github_token"
 6:
 7: phases:
 8:   install:
 9:     commands:
10:       - ${CODEBUILD_SRC_DIR}/scripts/install.sh
11:   build:
12:     commands:
13:       - ${CODEBUILD_SRC_DIR}/scripts/build.sh
```

### 27.4.2 tfnotifyの設定

`tfnotify.yml`をリスト27.11のように実装し、通知設定を行います。GitHubの通知メッセージは、`template`でカスタマイズできます。

リスト27.11: tfnotify.ymlの定義

```
 1: ci: codebuild
 2: notifier:
 3:   github:
 4:     token: $GITHUB_TOKEN
 5:     repository:
 6:       owner: "your-github-name"
 7:       name: "your-repository"
 8: terraform:
 9:   plan:
10:     template: |
11:       {{ .Title }}
12:       {{ .Message }}
13:       {{if .Result}}<pre><code> {{ .Result }} </pre></code>{{end}}
14:       <details><summary>Details (Click me)</summary>
15:       <pre><code> {{ .Body }} </pre></code></details>
16:   apply:
17:     template: |
18:       {{ .Title }}
19:       {{ .Message }}
20:       {{if .Result}}<pre><code> {{ .Result }} </pre></code>{{end}}
21:       <details><summary>Details (Click me)</summary>
22:       <pre><code> {{ .Body }} </pre></code></details>
```

### 27.4.3　tfnotifyの組み込み

Terraformコマンドにパイプしてtfnotifyを実行するよう、スクリプトを修正します。

#### planスクリプト

リスト27.7をリスト27.12のように修正します。tfnotifyコマンドの「--config」オプションには、リスト27.11のtfnotify.ymlのファイルパスを指定します。また「--message」オプションには、通知メッセージに含める任意の文字列を指定します。

リスト27.12: plan.shの修正

```
1: #!/bin/sh
2:
3: terraform init -input=false -no-color
4: terraform plan -input=false -no-color | \
5: tfnotify --config ${CODEBUILD_SRC_DIR}/tfnotify.yml plan --message "$(date)"
```

#### applyスクリプト

リスト27.8をリスト27.13のように修正します。

リスト27.13: apply.shの修正

```
1: #!/bin/sh
2:
3: MESSAGE=$(git log ${CODEBUILD_SOURCE_VERSION} -1 --pretty=format:"%s")
4: CODEBUILD_SOURCE_VERSION=$(echo ${MESSAGE} | cut -f4 -d' ' | sed 's/#/pr\//')
5: terraform init -input=false -no-color
6: terraform apply -input=false -no-color -auto-approve | \
7: tfnotify --config ${CODEBUILD_SRC_DIR}/tfnotify.yml apply --message "$(date)"
```

tfnotifyは環境変数「CODEBUILD_SOURCE_VERSION」に、pr/123のような文字列が設定されている前提で動きます。しかしmasterブランチへプッシュされたとき、この環境変数にはコミットハッシュが設定されます。そこで3～4行目では、直前のコミットメッセージからプルリクエスト番号を取得し、pr/123のような文字列で上書きしています。

### 27.4.4　GitHubへの通知

準備ができたので、プルリクエストを作成してみましょう。しばらくすると、plan結果がGitHubに通知されます（図27.1）。

図 27.1: tfnotify による plan 結果の通知

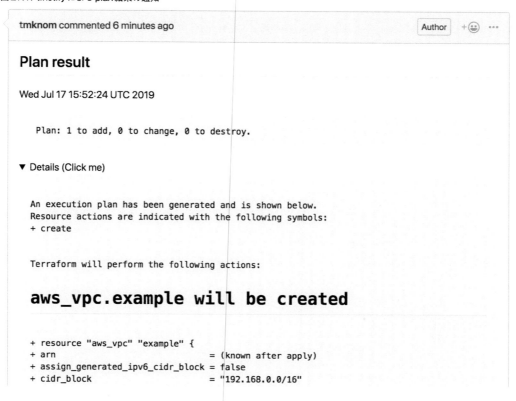

masterブランチにマージします。今度はapply結果が通知されます（図27.2）。

図 27.2: tfnotify による apply 結果の通知

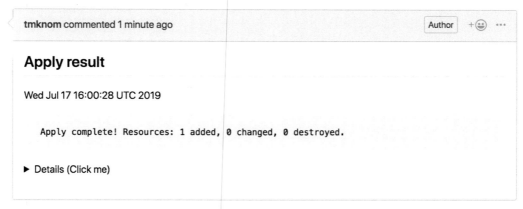

## 27.5　Branch protection rules

仕上げにGitHubの「**Branch protection rules**」を設定しましょう。リポジトリのトップページを開き「(1) Settings」「(2) Branches」「(3) Add rule」の順でクリックします（図27.3）。

図 27.3: GitHub のブランチ設定

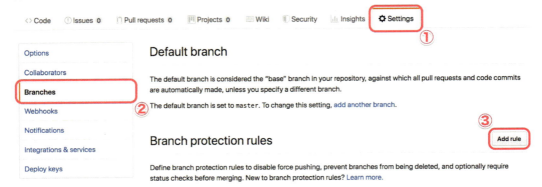

「(1) Branch name pattern」に設定対象のブランチ名を入力します。そして「(2) ～ (4) Rule settings」の各項目をチェックします（図27.4）。

- **Require pull request reviews before merging**：セルフマージを禁止します。Terraformではコードの変更量と影響範囲が比例しません。必ずチームメンバーによるレビューを受けましょう。
- **Require status checks to pass before merging**：Terraformに限らず、ステータスチェックが通らないコードをマージしてはいけません。コードの品質を保つため、グリーンになってからマージします。もしステータスチェックに意味がないのであれば、無視するのではなくチェック項目自体を見直します。
- **Require branches to be up to date before merging**：リグレッションを防ぐために、マージ前にブランチを最新状態にするよう強制します。最新状態でない場合、Terraformの実行計画が変わりえます。予期せぬリソースの変更・削除を防止するため、最新状態でplanを実行しましょう。

図 27.4: Branch protection rules

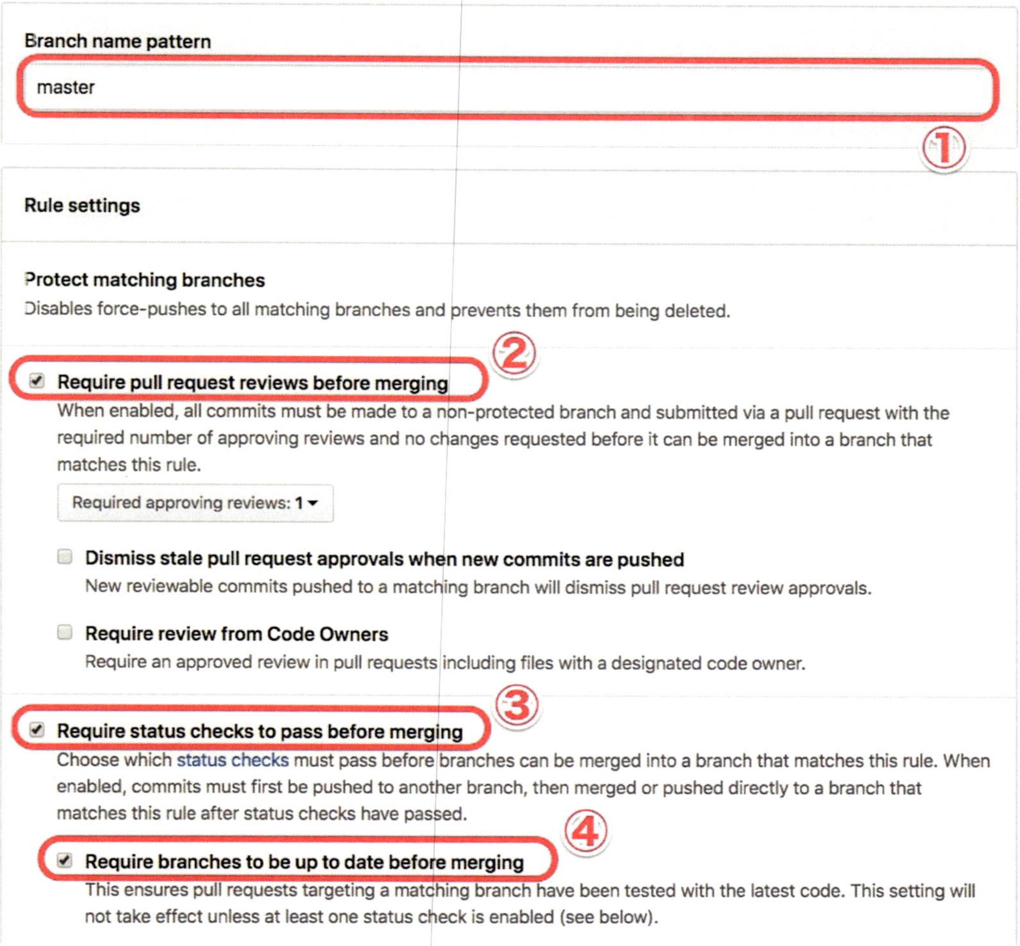

**Branch name pattern**

master ①

**Rule settings**

**Protect matching branches**
Disables force-pushes to all matching branches and prevents them from being deleted.

☑ **Require pull request reviews before merging** ②
When enabled, all commits must be made to a non-protected branch and submitted via a pull request with the required number of approving reviews and no changes requested before it can be merged into a branch that matches this rule.

Required approving reviews: 1 ▾

☐ **Dismiss stale pull request approvals when new commits are pushed**
New reviewable commits pushed to a matching branch will dismiss pull request review approvals.

☐ **Require review from Code Owners**
Require an approved review in pull requests including files with a designated code owner.

☑ **Require status checks to pass before merging** ③
Choose which status checks must pass before branches can be merged into a branch that matches this rule. When enabled, commits must first be pushed to another branch, then merged or pushed directly to a branch that matches this rule after status checks have passed.

☑ **Require branches to be up to date before merging** ④
This ensures pull requests targeting a matching branch have been tested with the latest code. This setting will not take effect unless at least one status check is enabled (see below).

第 27 章　継続的 Apply　221

# 第28章　落ち穂拾い

さまざまなことを学びましたが、長かった旅も終わりが近づいてきました。本章では、これまでの章で取りこぼしてきた話題を拾いあげていきます。

## 28.1　高速化

Terraformには「-parallelism」オプションがあります。これは並列実行のオプションで、デフォルト値は10です。この値を変更すると高速化する可能性があります。

```
$ terraform plan -parallelism=20
```

実行時にオプションを指定するのではなく、環境変数にセットする方法もあります。環境変数の場合、Terraform実行時に自動的に並列度を上げてくれます。

```
$ export TF_CLI_ARGS_plan="-parallelism=20"
$ export TF_CLI_ARGS_apply="-parallelism=20"
$ export TF_CLI_ARGS_destroy="-parallelism=20"
```

なお、あまり大きな値を指定すると、API制限に引っかかる可能性があります。ただ、手軽に試せるので、ソースコードが肥大化している場合は試す価値があります。

## 28.2　デバッグログ

Terraformでエラーに遭遇したとき、どれだけ検索しても情報が出てこないことがあります。そんなときは、環境変数「TF_LOG」を使ってデバッグログを出力しましょう。
TF_LOGにはログレベルとして、TRACE・DEBUG・INFO・WARN・ERRORを指定できます。DEBUGレベルのログを出力する場合、次のように実行します。

```
$ TF_LOG=debug terraform apply
```

また、環境変数「TF_LOG_PATH」を使うと、ログをファイル出力できます。

```
$ TF_LOG=debug TF_LOG_PATH=/tmp/terraform.log terraform apply
```

エラー原因はTerraform自体のバグの場合もありますが、AWS APIのエラーの場合もあります。APIエラーの場合、APIレスポンスにエラーメッセージが出力されていることがあり、問題解決に役立ちます。

## 28.3　JSONコメント

TerraformでJSONにコメントを書きたい場合、aws_iam_policy_documentのような「専用データソース」か「ヒアドキュメント」が使えます。しかし、実はもうひとつ選択肢があります。jsonencode関数とyamldecode関数を組み合わせるのです。

たとえばリスト28.1のように、ECSのタスク定義を実装します。

リスト28.1: jsonencode関数とyamldecode関数を使ったタスク定義

```
1: resource "aws_ecs_task_definition" "example" {
2:   family               = "example"
3:   memory               = "512"
4:   container_definitions = jsonencode(yamldecode(file("./cd.yaml")))
5: }
```

「cd.yaml」ファイルへ、コンテナ定義をリスト28.2のように実装します。YAMLなので、もちろんコメントを書けます。このYAMLはTerraform実行時に、自動でJSONへ変換されます。

リスト28.2: YAMLによるコンテナ定義

```
1: - name: example
2:   image: nginx:latest
3:   essential: true
4:   # この設定に関する驚くべき挙動を発見したが、それを書くには余白が狭すぎる
5:   portMappings:
6:     - protocol: tcp
7:       containerPort: 80
```

この方法は専用のデータソースが存在しないリソースでも使えます。ヒアドキュメントと異なり、エディターのシンタックスハイライトも効きます。少しトリッキーですが、複雑なJSONを書くときに役立つテクニックです。

## 28.4　Terraformのアップグレード

Terraformは進化の早いソフトウェアです。しかし、Terraformはアップグレードをとても重要視しています。たとえばバージョン0.11から0.12では、後方互換性のない大きな変更が行われましたが、「0.12upgrade」というアップグレード専用のコマンドが提供されました。

また、公式にアップグレードガイド[1]も提供されています。丁寧にドキュメンテーションされており、きちんと読めば安全にアップグレードできます。

## 28.5　AWSプロバイダのアップグレード

AWSの進化に追従し続けているため、AWSプロバイダはTerraform本体以上に進化が早いです。しかし、Terraform本体よりも互換性が損なわれやすいです。

アップグレードに伴ってパラメータが増えたり、パラメータのデフォルト値が突然変更される場合もあります。これらはplan時の差分として現れます。

アップグレード時に差分が出た場合は、CHANGELOGを読むしかありません。場合によっては、AWSのAPIドキュメントも読む必要があります。ありきたりですが、こまめなアップグレードがAWSプロバイダと上手に付き合うコツです。

## 28.6　周辺ツールの探し方

awesome-terraform[2]は、Terraformに関する情報を集めたリンク集です。その中の「Tools」という項目で、たとえば次のようなツールが紹介されています。

- Terragrunt[3]： よりDRYなコードを実装できるTerraformラッパー
- Atlantis[4]： プルリクエストを介したTerraformの自動実行
- pre-commit-terraform[5]： Terraformに特化したGitフックのコレクション
- tfschema[6]： プロバイダの型定義を動的取得

## 28.7　公式ドキュメントを読むコツ

Terraformの公式ドキュメントでは、リソースのパラメータの意味を調べることが多いでしょう。もちろんそれも大事ですが、忘れずにチェックしたいのが、「**NOTE**」や「**WARNING**」と書かれた注釈です。リソース自体の制約や、他のリソースとの微妙な関係性など、知っておくと有益な情報の宝庫です。エラー遭遇時に調べてみると、「ドキュメントに最初から書いてある」というのはよくあります。

注釈のなかで設計に影響を与えるものについては、コードのコメントに簡単な日本語訳と該当箇所へのリンクを書いておくと、あとで役立ちます。

また、AWSのAPIドキュメントも重要です。Terraformのドキュメントでは理解できないことも、AWSのAPIドキュメントを読めば一瞬で解決するケースは意外と多いです。Terraformを自由自在に書くために、AWS APIの仕様把握能力は欠かせません。

---

1. https://www.terraform.io/upgrade-guides/
2. https://github.com/shuaibiyy/awesome-terraform
3. https://github.com/gruntwork-io/terragrunt
4. https://github.com/runatlantis/atlantis
5. https://github.com/antonbabenko/pre-commit-terraform
6. https://github.com/minamijoyo/tfschema

## 28.8 構成ドリフト

なにもしていないのにplanで差分が出たことはありませんか。これは「**構成ドリフト**」と呼ばれ、リソースの設定が手動で変更されると起こります。

構成ドリフトが起きた場合、まずは手動で変更した人がいないか探してみましょう。見つからなければ、CloudTrailを調べます。探し当てたらヒアリングを行ったうえで、正しい状態はどちらなのか確認します。もしかすると、なにか障害が発生して、その対応として変更したのかもしれません。その場合は、Terraform側に設定を反映する必要があります。一時的に変更しただけでTerraformが正しい場合は、applyして元に戻します。

暫定対処が完了したら、そもそもなぜ手動変更が行われたのかを探ります。Terraformで管理しているものは、Terraform以外で変更してはいけません。その規律を守るための策を講じましょう。

## 28.9 未知の未知

Terraform化されていないリソースを運用する場合、最低でもドキュメント化しましょう。「**未知の未知**」は、システム運用における最悪の脅威です。単純に手動作成されたのか、Terraform以外で管理しているのかを問わず、次の項目について明文化すべきです。

・なにをTerraform化していないのか
・なぜTerraform化していないのか
・どうやって管理されているのか

Terraformでコードを書く人の目に触れるよう、導線設計を頑張るのがポイントです。ハイクオリティでなくてもいいので、手がかりを残しましょう。

もちろん、コード化されていないものについては、コード化に取り組むことが望ましいです。第25章「既存リソースのインポート」も参考にしてください。大変ですが、その投資は無駄にはなりません。少なくとも、Developer Experienceは向上します。

# 付録A　巨人の肩の上に乗る

　本書の執筆にあたり、多大なるインスピレーションを与えてくれた参考文献を紹介します。Terraformとは直接関係しないものも多いですが、よい設計をするための有益な知見が得られる参考文献ばかりです。

## A.1　Terraform

[1]『Terraform Documentation』（https://www.terraform.io/docs/）

[2] Yevgeniy Brikman（著）『Terraform - Up & Running』（Oreilly & Associates Inc）

## A.2　AWS

[3] 佐々木拓郎・林晋一郎・小西秀和・佐藤瞬（著）『Amazon Web Services パターン別構築・運用ガイド』（SBクリエイティブ）

[4] 佐々木拓郎・林晋一郎・瀬戸島敏宏・宮川亮・金澤圭（著）『Amazon Web Services 業務システム設計・移行ガイド』（SBクリエイティブ）

[5] 大澤文孝・玉川憲・片山暁雄・今井雄太（著）『Amazon Web Services 基礎からのネットワーク＆サーバー構築』（日経BP社）

## A.3　インフラストラクチャ

[6] Kief Morris（著）宮下剛輔（監修）長尾高弘（翻訳）『Infrastructure as Code』（オライリージャパン）

[7] Betsy Beyer・Chris Jones・Jennifer Petoff・Niall Richard Murphy（著）澤田武男・関根達夫・細川一茂・矢吹大輔（監修）玉川竜司（翻訳）『SRE サイトリライアビリティエンジニアリング』（オライリージャパン）

[8] Betsy Beyer・Niall Richard Murphy・David K. Rensin・Kent Kawahara・Stephen Thorne（著）『The Site Reliability Workbook』（O'Reilly Media）

[9] John Arundel・Justin Domingus（著）『Cloud Native DevOps With Kubernetes』（O'Reilly Media）

[10] Jennifer Davis・Ryn Daniels（著）吉羽龍太郎（監修）長尾高弘（翻訳）『Effective DevOps』（オライリージャパン）

[11] Justin Garrison・Kris Nova（著）『Cloud Native Infrastructure』（O'Reilly Media）

## A.4　システムアーキテクチャ

[12] Sam Newman（著）佐藤直生（監修）木下哲也（翻訳）『マイクロサービスアーキテクチャ』（オライリージャパン）

[13] Susan J. Fowler（著）佐藤直生（監修）長尾高弘（翻訳）『プロダクションレディマイクロサービス』（オライリージャパン）

[14] Nick Rozanski・Eoin Woods（著）榊原彰（監修）牧野祐子（翻訳）『ソフトウェアシステムアーキテクチャ構築の原理』（SBクリエイティブ）

[15] Jez Humble・David Farley（著）和智右桂・高木正弘（翻訳）『継続的デリバリー』（KADOKAWA）

[16] 広木大地（著）『エンジニアリング組織論への招待』（技術評論社）

## A.5　ソフトウェア設計

[17] Andrew Hunt・David Thomas（著）村上雅章（翻訳）『達人プログラマー』（オーム社）

[18] John Ousterhout（著）『A Philosophy of Software Design』（Yaknyam Press）

[19] Mike Gancarz（著）芳尾桂（翻訳）『UNIXという考え方』（オーム社）

[20] Eric S.Raymond（著）長尾高弘（翻訳）『The Art of UNIX Programming』（KADOKAWA）

[21] Martin Reddy（著）三宅陽一郎（監修）ホジソンますみ（翻訳）『C++のためのAPIデザイン』（SBクリエイティブ）

[22] Eric Evans（著）今関剛（監修）和智右桂・牧野祐子（翻訳）『エリック・エヴァンスのドメイン駆動設計』（翔泳社）

[23] Robert C.Martin（著）角征典・高木正弘（翻訳）『Clean Architecture』（ドワンゴ）

[24] Dino Esposito・Andrea Saltarello（著）日本マイクロソフト（監修）クイープ（翻訳）『.NETのエンタープライズアプリケーションアーキテクチャ』（日経BP）

## おわりに

『実践Terraform』を最後までお読みいただき、ありがとうございます。

本書は技術書典6で頒布した同人誌「Pragmatic Terraform on AWS」をベースにしています。本を書いたのはこのときがはじめてでしたが、書評記事やツイートでたくさんの反響をいただきました。こうした読者の方々のフィードバックが、執筆の原動力となりました。読者の方々への感謝の気持ちでいっぱいです。

### 謝辞

本書のレビューを快く引き受けてくれたチームメンバーに感謝します。@minamijoyoさん、@kangaechuさん、@sawadashotaさん、@hisamura333さん、みんなのおかげで本書のクオリティは格段に上がりました。特に同人誌のときだけでなく、本書も通読してくれたメンバーには足を向けて寝られません。

技術書典で委託を引き受けてくださった、yagitchさんと@nasum360さんに感謝します。お二人のおかげで同人誌を世に出すことができ、商業出版というチャンスにつながりました。本当にお世話になりました。

表紙イラストを描いていただいた、はこしろさんに感謝します。想像以上にカッコいいバベルの塔を描いていただきました。著者のワガママも取り入れていただき、とても気に入っています。

最後に、インプレスＲ＆Ｄ社の山城さんとスタッフのみなさんに感謝します。同人誌として出した本を商業出版するという、貴重な機会をいただきました。自分の書いた本がさらに多くの人へ届けられることにすごくワクワクしています。

### あなたへ

本書には著者の知見を限界まで詰め込みました。少しでもこの本が、手にとってくださった方のTerraformライフの糧になればうれしいです。

本を書いてみてはじめて知りましたが、読者の方のちょっとしたつぶやきだけでも、著者は小躍りするほど喜びます。ぜひフィードバックをいただければ幸いです。ちなみに著者は褒められて伸びるタイプです！

著者紹介

## 野村 友規（のむら ともき）

アプリケーションアーキテクチャ設計とドメイン駆動設計が得意なSREです。アプリケーション開発が主戦場でしたが、気づいたらTerraform三昧の日々を送っています。「Terraformの本、誰か書いてくれないかな〜」と思って待っていましたが、誰も書かないので自分で書きました。執筆のコンセプトは『自分が読みたい本を書く』です。
Twitter：@tmknom

◎本書スタッフ
アートディレクター/装丁：岡田章志＋GY
編集協力：飯嶋玲子
デジタル編集：栗原 翔

〈表紙イラスト〉
はこしろ
フリーランスのイラストレーター。書籍の表紙からweb用のイラスト、アナログゲームイラストまで、広く手がける。

**技術の泉シリーズ・刊行によせて**
技術者の知見のアウトプットである技術同人誌は、急速に認知度を高めています。インプレスR&Dは国内最大級の即売会「技術書典」（https://techbookfest.org/）で頒布された技術同人誌を底本とした商業書籍を2016年より刊行し、これらを中心とした『技術書典シリーズ』を展開してきました。2019年4月、より幅広い技術同人誌を対象とし、最新の知見を発信するために『技術の泉シリーズ』へリニューアルしました。今後は「技術書典」をはじめとした各種即売会や、勉強会・LT会などで頒布された技術同人誌を底本とした商業書籍を刊行し、技術同人誌の普及と発展に貢献することを目指します。エンジニアの"知の結晶"である技術同人誌の世界に、より多くの方が触れていただくきっかけになれば幸いです。

株式会社インプレスR&D
技術の泉シリーズ　編集長　山城 敬

●お断り
掲載したURLは2019年8月1日現在のものです。サイトの都合で変更されることがあります。また、電子版ではURLにハイパーリンクを設定していますが、端末やビューアー、リンク先のファイルタイプによっては表示されないことがあります。あらかじめご了承ください。
●**本書の内容についてのお問い合わせ先**
株式会社インプレスR&D　メール窓口
np-info@impress.co.jp
件名に『『本書名』問い合わせ係』と明記してお送りください。
電話やFAX、郵便でのご質問にはお答えできません。返信までには、しばらくお時間をいただく場合があります。
なお、本書の範囲を超えるご質問にはお答えしかねますので、あらかじめご了承ください。
また、本書の内容についてはNextPublishingオフィシャルWebサイトにて情報を公開しております。
https://nextpublishing.jp/

● 落丁・乱丁本はお手数ですが、インプレスカスタマーセンターまでお送りください。送料弊社負担にてお取り替えさせていただきます。但し、古書店で購入されたものについてはお取り替えできません。

■読者の窓口
インプレスカスタマーセンター
〒101-0051
東京都千代田区神田神保町一丁目105番地
TEL 03-6837-5016／FAX 03-6837-5023
info@impress.co.jp
■書店／販売店のご注文窓口
株式会社インプレス受注センター
TEL 048-449-8040／FAX 048-449-8041

技術の泉シリーズ

# 実践Terraform　AWSにおけるシステム設計とベストプラクティス

2019年9月20日　初版発行Ver.1.0（PDF版）

著　者　野村 友規
編集人　山城 敬
発行人　井芹 昌信
発　行　株式会社インプレスR&D
　　　　〒101-0051
　　　　東京都千代田区神田神保町一丁目105番地
　　　　https://nextpublishing.jp/
発　売　株式会社インプレス
　　　　〒101-0051　東京都千代田区神田神保町一丁目105番地

●本書は著作権法上の保護を受けています。本書の一部あるいは全部について株式会社インプレスR&Dから文書による許諾を得ずに、いかなる方法においても無断で複写、複製することは禁じられています。

©2019 Tomoki Nomura. All rights reserved.
印刷・製本　京葉流通倉庫株式会社
Printed in Japan

ISBN978-4-8443-7813-6

NextPublishing®

●本書はNextPublishingメソッドによって発行されています。
NextPublishingメソッドは株式会社インプレスR&Dが開発した、電子書籍と印刷書籍を同時発行できるデジタルファースト型の新出版方式です。https://nextpublishing.jp/